크리에이터 1:1 속성 과외

머리말

1인 미디어 제작 수업

대학에서 동영상 제작 강의한 지 10년 차가 되었습니다. 약 1300명의 학생과 함께 1인 방송, 단편영화, 다큐멘터리, 광고, 뮤직비디오를 만들며 동영상 메시지 전달법을 고민해왔습니다. 초보 제작자와 함께 공부하면서 느낀 점은 동영상 제작은 어느 분야보다 기술적으로 빠르게 발전해왔다는 것입니다. 전문가가 아니어도 제작을 할 수 있을 만큼 기자재 접근과 사용이 용이해졌습니다. 편집을 앱으로 간편하게 할 수 있고, 유아도 휴대폰으로 촬영할 수 있습니다. 하지만 막상 혼자 영상제작을 해야 한다고 생각하면 초보 제작자는 어디에서부터 시작해야 할지 막막하다고 합니다. 본인은 재미있는데 다른 사람들은 재미없다고 하여 제작에 흥미를 잃었다는 이야기도 들었습니다. 이유가 궁금하여 초보 제작자가 보편적으로 겪는 어려움을 파악해보았습니다.

① 제작자와 시청자의 관계를 충분히 이해하지 못했습니다.

② 다른 콘텐츠와 비교했을 때 특별한 차이가 없는 밋밋한 아이디어였습니다.

③ 업으로 하는 전문제작자가 아니기 때문에 필요한 기술(노하우), 시간, 비용이 부족했습니다.

④ 콘텐츠가 지속되지 못하고 1, 2회의 단발성 이슈로 끝났습니다.

위의 네 가지 사항은 얼마간의 시간을 들이고 방법을 알면 충분히 극복할 수 있습니다. 먼저 어려움을 겪었던 선배가 부족한 점을 미리 알려주면 초보자는 힘들게 고생하지 않고 제작물 완성도에 노력과 시간을 더 투자할 수 있습니다. 이러한 마음에 1인 미디어 수업 중 직접 개발한 학습방법과 내용을 정리하였고, 혼자서 따라 할 수 있는 실습 도구도 마련하였습니다. 제작은 직접 해봐야 몸에 익숙해집니다. 고난도의 전문적 실습이 아니니 가벼운 마음으로 함께 하실 수 있을 겁니다.

머리말

1인 미디어 제작 과정

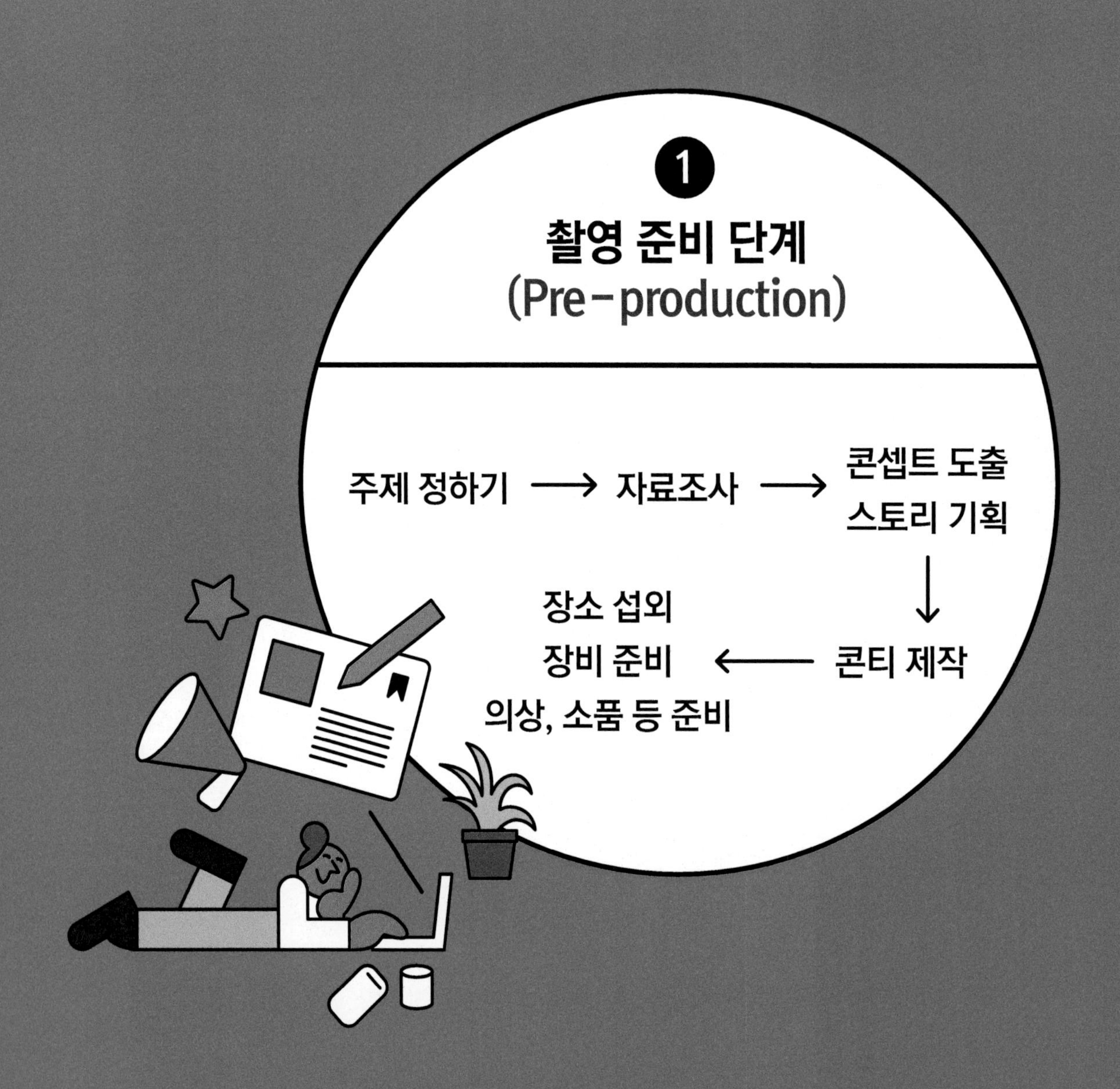

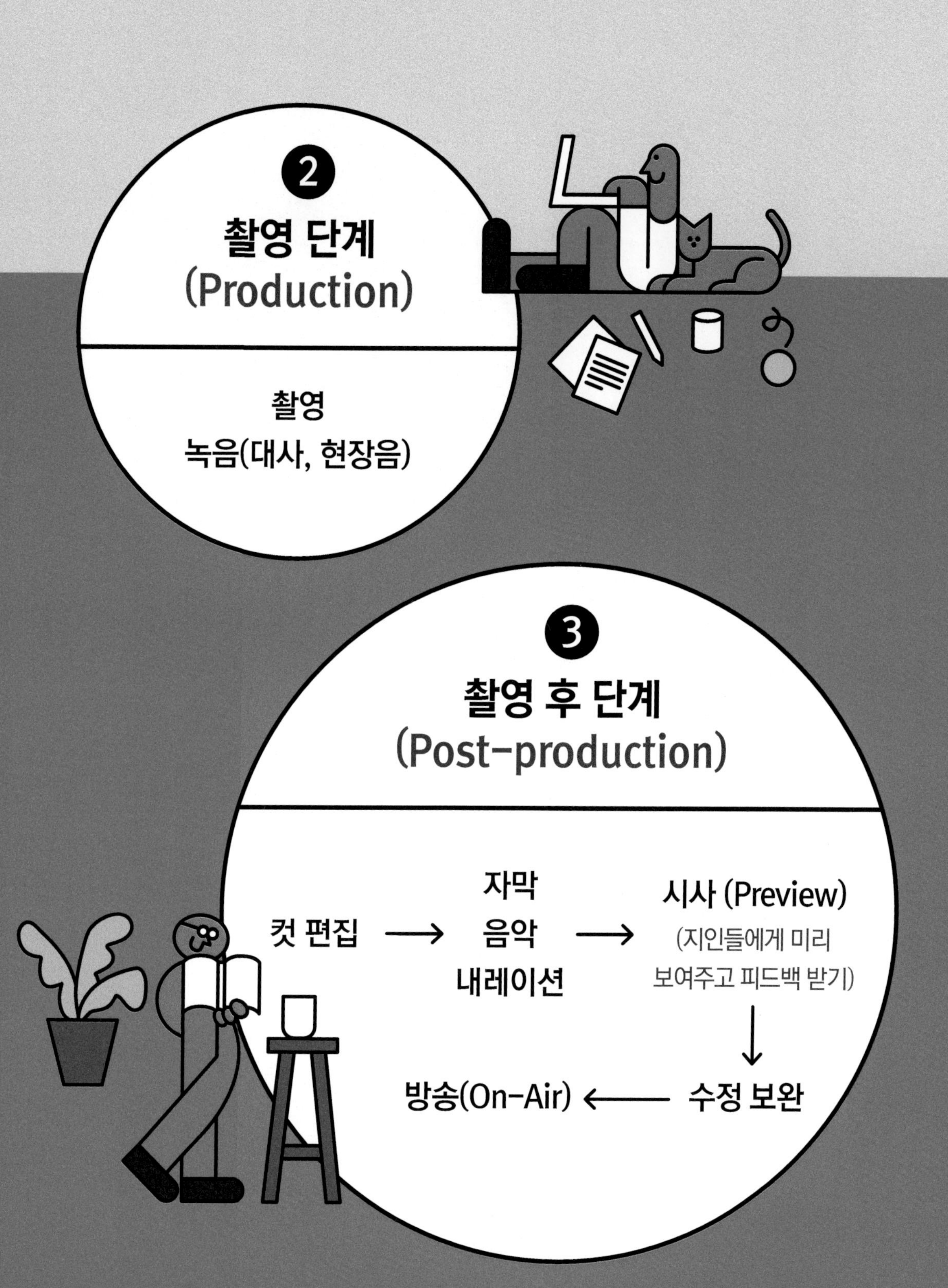
2
촬영 단계
(Production)
촬영
녹음(대사, 현장음)
3
촬영 후 단계
(Post-production)
컷 편집
자막
음악
내레이션
시사 (Preview)
(지인들에게 미리
보여주고 피드백 받기)
수정 보완
방송(On-Air)

차 례

매력적인 제작자(크리에이터)의 비결

콘텐츠 차별화 방법

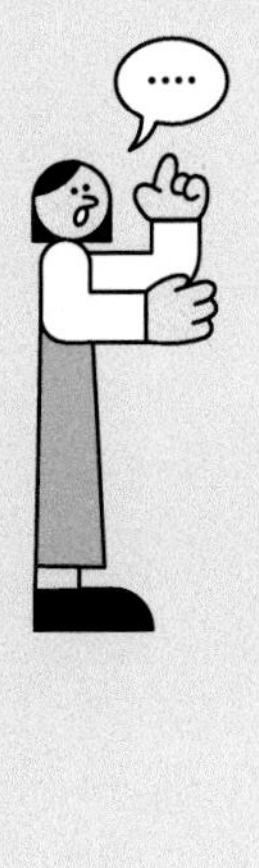

3부

콘텐츠 시각화 아이디어

4부

콘텐츠 지속화 전략

부록

1부

매력적인

제작자와 시청자의 관계 좁히기

시청자가 '좋아요'와 '구독하기'를 누르고 알림까지 설정하는 콘텐츠의 특징을 살펴보면 제작자가 상호작용에 많은 노력을 기울임을 알 수 있습니다. 댓글에 달린 요청사항을 다음 방송분에 반영시키거나 방송으로 다루면 좋을 것 같은 소재를 시청자에게 직접 묻기도 합니다. 제작자는 시청자와의 경계를 허물고 거리를 좁히려 애씁니다.

인플루언서(Influencer)라 불리는 제작자가 시청자에게 미치는 영향력이 큰 이유도 거리감 멀게 느껴지는 연예인이 아닌 우리와 가까이 있는 대상으로 느끼기 때문입니다. 초반에는 거리감이 있더라도, 방송 횟수가 늘어날수록 관계를 가깝게 만들어 궁극적으로 같은 선상에서 상호작용해야 매력적인 제작자로 자리매김할 수 있습니다.

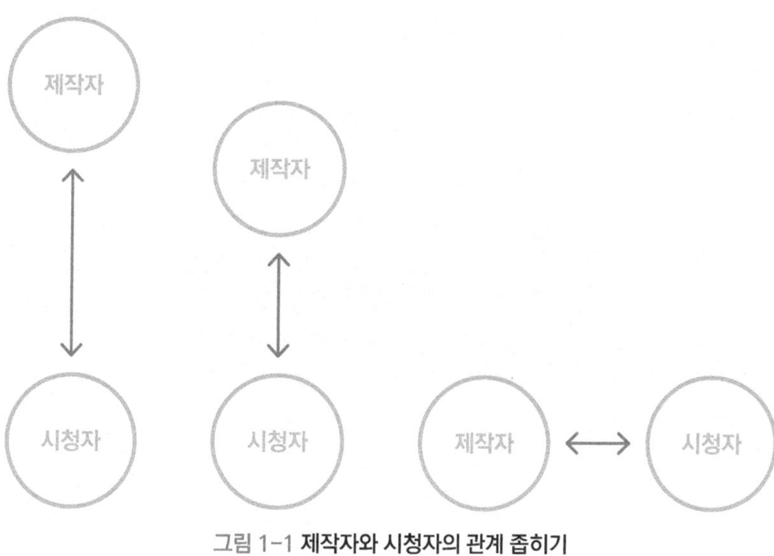

그림 1-1 **제작자와 시청자의 관계 좁히기**

다음 장부터 관계 좁히는 방법을 세 단계로 나누고 단계별로 실제 크리에이터의 예를 들겠습니다.

단계	방법
1단계	제작자의 모습을 가식적으로 포장하지 않고 진솔하게 드러냄
2단계	시청자를 콘텐츠의 상황 속으로 끌어들여 간접 경험하게 함
3단계	시청자를 크리에이터로 만들어 함께 콘텐츠를 제작함

관계 좁히기 1단계:
제작자의 진솔함

첫 번째 예는 크리에이터 '토리 로클리어(Tori Locklear)'의 '뷰티 튜토리얼[1]' 중 머리 타는 사고가 발생한 방송입니다. 열을 이용해 웨이브를 만드는 헤어기기로 옆머리를 감으며 설명하다 머리카락이 기기에 감긴 채 통째로 끊어졌습니다. 본인도 예상하지 못한 결과라 말을 잇지 못하고 끊어진 머리카락과 앞에 놓인 거울을 번갈아 보며 당황해했습니다. 연출이 아닌 실제 상황이었습니다.

이 방송은 온라인에서 유행처럼 퍼졌고 토리는 미국 유명 토크쇼인 〈앨런쇼(The Ellen DeGeneres Show)〉에 초청되어 그 사고에 대해 이야기를 나누게 됩니다.

1) 튜토리얼(Tutorial)은 사용 지침서라는 의미로 개인 방송에서는 주로 사용 방법이나 정보 설명 콘텐츠를 뜻함. 뷰티 튜토리얼(Beauty Tutorial)은 헤어, 메이크업 등 미용에 관한 설명 콘텐츠를 의미함.

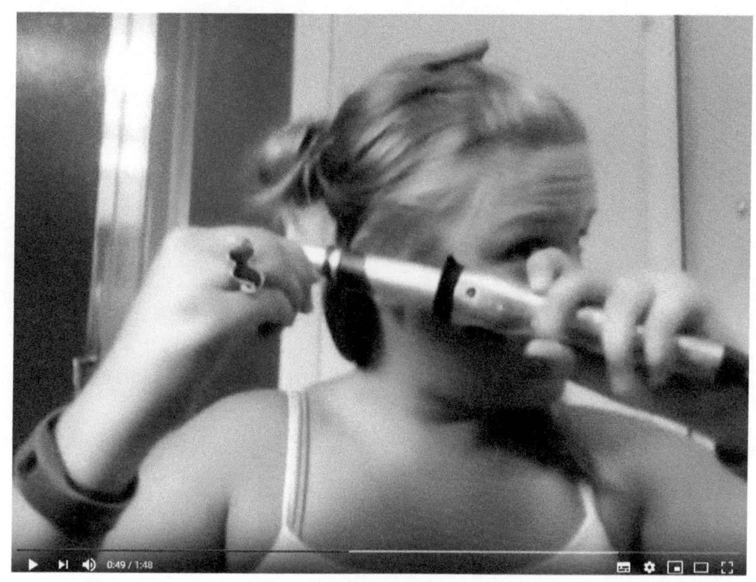

https://www.youtube.com/watch?v=LdVuSvZOqXM

그림 1-2 토리의 '뷰티 튜토리얼'

https://www.youtube.com/watch?v=3puKsaCnQCg

그림 1-3 '앨런쇼'에 초청된 토리

'튜토리얼' 방송은 정보를 알려주는데 목적이 있기 때문에 크리에이터는 되도록 전문적으로 보이려 노력합니다. 그래야 시청자는 크리에이터를 신뢰하며 시청할 수 있습니다. 특히 뷰티 튜토리얼은 외모 가꾸기가 중요한 콘텐츠라 크리에이터 자신의 미적인 부분에 더욱 신경을 씁니다. 하지만 토리는 실수한 장면을 편집 없이 방송했습니다. 본인의 완벽하지 않은 모습을 일부러 포장하지 않고 누구나 실수할 수 있다라는 거리낌 없는 태도로 시청자에게 다가갔습니다.

머리가 통째로 끊기는 사건도 흥미로웠지만 많은 시청자의 공감을 얻는데 많은 시청자 앞으로 이동 크게 작용한 것입니다. 시청자는 토리를 거리감 있는 대상이 아닌 나와 별 다름없는 사람이라 느꼈고, 완벽하고 멋있게 보이려는 다른 뷰티 튜토리얼의 크리에이터와 또 다른 신선함도 느꼈습니다. 솔직하면서도 친근한 사람이 해주는 다음 이야기는 무엇일까 궁금해졌고 이는 시청을 지속시키는 힘이 되었습니다.

관계 좁히기 2단계: 시청자 간접경험 시키기

두 번째 예는 무언가를 직접 만들어 실험하는 크리에이터 '래핫(Rahat, MagicofRahat이란 닉네임으로 활동)'입니다. 소개할 방송의 실험 내용은 운전자 없이 자동차가 스스로 이동하게 만들어 주변 사람이 놀라는 반응을 관찰한 것입니다. 무인 자동차라는 개념이 지금처럼 익숙하지 않은 시기라 사람들은 스스로 움직이는 차를 기괴하게 느꼈습니다.

실상은 차가 자동으로 움직인 것이 아니고 래핫이 운전 좌석 밑에 숨어 운전하고 있었습니다. 숨는 공간을 확보하기 위해 의자를 직접 만들어 그 밑에 자신의 모습을 숨겼습니다. 아무도 타지 않은 차인 것처럼 운전하여 패스트푸드점 드라이브스루(Drive-Through)로 갑니다.

차만 스르르 주문 창구에 도착하고 이를 본 직원들은 여러 가지 반응을 보였습니다. 소리를 지르거나, 말을 이어가지 못하고 입만 벌리고 있거나, 놀라서 다른 동료직원을 부르러 가거나, 침착하게 차 안을 살펴보거나 등 다양했습니다.

https://www.youtube.com/watch?v=xVrJ8DxECbg

그림 1-4 래핫의 '투명 운전자 동영상'

투명 운전자 동영상은 인기를 얻어 전 세계적으로 퍼졌고 자동차 회사인 도요타(Toyota)에서 래핫에게 모델 제안을 하고 함께 광고를 만들었습니다.

https://www.youtube.com/watch?v=SWyu7VzsGNg

그림 1-5 래핫이 등장한 '도요타 자동차' 광고

래핫은 자신만의 방법으로 남들이 생각하지 못한 독특한 만들기를 하고 이를 활용해 여러 사람에게 실험을 합니다. 실험 중 다양한 반응을 보이는 사람들을 보며 시청자는 재미를 느끼고 그 상황에 공감합니다. '나도 저기 있었으면 저 사람 같은 반응을 보이지 않았을까', '저 사람은 내가 예상하지 못한 행동을 하네', '다음 사람은 어떤 반응을 할까' 등을 생각합니다. 시청자가 콘텐츠 속 실험 대상자가 되어 간접경험을 하게 되는 것입니다. 상황을 경험한 것 같은 시청자는 콘텐츠에 대한 공감과 흥미도가 높아지고, 크리에이터에게도 강한 매력을 느끼며, 다음 방송에 대한 기대감도 상승하게 됩니다.

관계 좁히기 3단계:
시청자를 크리에이터로 만들기

세 번째 예는 노래 커버[2] 최강자 중 한 명인 '알렉스 굿(Alex Goot)'입니다. 2010년부터 방송 활동을 시작해 370만 명 이상의 구독자와 3억 3천을 넘긴 조회 수를 보유하고 있습니다. 싱어송라이터로 기타, 피아노, 드럼, 아코디언 등 여러 악기를 다루고 의자 같은 일반 사물도 악기처럼 연주하는 뛰어난 음악성을 가진 크리에이터입니다.

노래 커버가 많지 않은 시절부터 활동을 시작하였고 지금까지 방송을 지속하고 있습니다. 10년 넘게 꾸준히 활동할 수 있는 비결은 남들이 하지 않는 연주 방법과 편곡 스타일이기도 하지만 그보다 더 큰 요소는 다른 사람들과 피처링하여 함께 노래한다는 것입니다.

2) 노래 커버(Cover)는 유명곡을 자신의 스타일로 다시 부르는 것을 말함.

https://www.youtube.com/watch?v=XtlrRvIYD

그림 1-6 **알렉스의 첫 '노래 커버' 방송**

알렉스에게 영향을 받아 노래 커버를 시작하는 시청자가 많아졌고 이들이 크리에이터로 성장하여 알렉스와 함께 노래 부르게 되었습니다. 알렉스는 그들을 등장시켜 화음을 넣고 같이 연주하며 자신의 방송을 즐길 거리가 풍성한 콘텐츠로 발전시켰습니다.

시청자인 팬들을 콘텐츠 제작에 참여시킨 적도 있습니다. 팬들이 노래 커버하여 보낸 동영상을 모아 뮤직비디오를 만들었습니다. 영상 안에는 '알렉스처럼 되고 싶어요'라는 문구가 적힌 종이가 보이는 등 알렉스에 대한 팬심 가득한 시청자들의 모습이 담겨있습니다. 알렉스는 시청자와의 거리를 좁힌 것을 넘어 그들과 같은 위치에서 콘텐츠를 만들며 함께 성장하고 있습니다.

https://www.youtube.com/watch?v=CXaDSWSpf74

그림 1-7 팬들이 보낸 동영상으로 만든 알렉스의 '뮤직비디오'

단계별 관계 좁히기 리뷰

방송 초기에는 시청자 유입이 어렵지 않지만 비슷한 형태와 진행이 계속되면 생각보다 빠른 시간 안에 시청자의 흥미는 떨어집니다. 이를 방지하기 위해 제작자와 시청자의 관계 좁히기 방법을 정리하며 핵심 부분을 강조하겠습니다.

단계	방법
1단계	◆ '뷰티 튜토리얼'의 '토리'는 실수한 부분을 감추지 않음 ◆ 가식적으로 포장하지 않고 시청자에게 진솔한 모습으로 다가가 친밀한 관계를 유지함
2단계	◆ '투명 운전자 동영상'의 '래핫'은 만들기와 실험에서 끝나지 않고 시청자를 실험 속에 참여시켜 본인도 모르는 사이에 콘텐츠를 경험하도록 함
3단계	◆ '노래 커버'의 '알렉스'는 시청자가 자신과 같은 크리에이터가 되는데 영향을 주며 그들과 함께 콘텐츠를 제작함

방법은 더 다양할 수 있습니다. 중요한 것은 제작자와 시청자의 거리를 점점

좁혀 둘 사이의 간극을 없애고 궁극적으로는 같은 선상에 있는 것입니다. 다음 장부터는 그 관계를 어떻게 좁혀 나가는지 자세히 살펴보겠습니다.

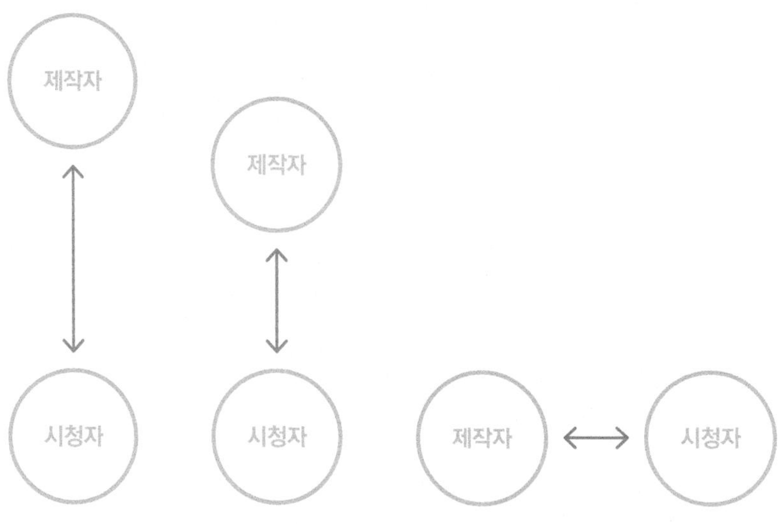

그림 1-1 **제작자와 시청자의 관계 좁히기**

1. 가성비를 고려한 크리에이터의 최소 장비

조건 : 스마트폰 사용

0원	(보유 장비 활용) ◆ 스마트폰 카메라 ◆ 무료 편집 앱
2만 원 내외 추가	◆ 삼각대 형태의 스마트폰 거치대
5만 원 내외 추가	◆ 소형 LED 조명 ◆ 핀마이크 (옷깃에 부착하는 소형 마이크)
10만 원 내외 추가	◆ 짐벌 (움직이는 촬영 시 흔들림을 최소화하는 장치)
30만 원 내외 추가	◆ LED 스탠드형 조명 1Set(2개) (제품이나 인물을 보다 선명하게 촬영하고 싶을 때)

2. 동영상 제작에 유용한 참고 사이트

폰트	noonnu.cc
유료 이미지	gettyimages.com shutterstock.com
무료 이미지	unsplash.com pixabay.com pxhere.com
무료 이미지 편집 툴	photopea.com
세계 광고 자료	adsoftheworld.com

※ 무료 사이트이지만 각 저작물마다 사용 조건이 있습니다.
반드시 세부 사항을 확인한 후 조건을 지켜 사용해야 합니다.

2부

콘텐츠 차별화 방법

타인의 콘텐츠부터 분석하기

1. 분석의 세 가지 관점: 시청자, 제작자, 콘텐츠

동영상을 다루는 광고, 영화 등 현장에 가면 선배가 후배에게 하는 조언이 있습니다. '자료를 많이 봐라'입니다. 아이디어가 필요할 때 자료는 훌륭한 디딤돌 역할을 합니다. 많이 볼수록 생각의 폭이 넓어지는 것은 당연하고 개별 자료는 꼬리에 꼬리를 물어 생각을 이어가게 합니다. 자료 종류에는 제한이 없고, 책, 블로그, 댓글, 친구와의 수다, TV 프로그램 등 여러 형태입니다. 하지만 가장 먼저 살펴봐야 할 것은 내가 만들려는 콘텐츠와 같은 형태의 자료입니다.

1인 방송 콘텐츠를 제작하려면 선배 크리에이터의 방송을 먼저 검토해야 내가 만들 콘텐츠에 도움이 되는 정보를 우선으로 얻을 수 있습니다. 선행 자료에서 배울 점과 피할 점을 골라내고, 기존 선배들이 했던 것을 변형하거나, 시도하지 않았던 무언가를 추가하면 나만의 차별화된 콘텐츠를 만들 수 있습니다.

선행 자료를 분석하기 위해 기본적으로 필요한 것은 자료를 보는 '관점'입니다. 지금까지 '시청자의 관점'으로 콘텐츠를 보는 것이 일반적이었겠지만 이제는 '제작자의 관점', 나아가 '콘텐츠 자체의 객관적인 관점'으로도 파악해야 합니다. 세 관점이 어떻게 분석에서 작용하는지 이해하기 쉽게 그림으로 표현하였습니다. 삼각형의 꼭짓점은 각 관점을 나타내고 선의 양 끝 화살표는 관점이 상호 작용함을 의미합니다. 삼각형 모양을 한 이유는 분석에 사용되는 관점에는 우선순위가 없고 이 관점에서 저 관점으로 자유롭게 이동할 수 있기 때문입니다. 이동하다 다시 기존 관점으로 돌아갈 수 있고, 각 관점끼리는 서로 영향을 미치기도 합니다.

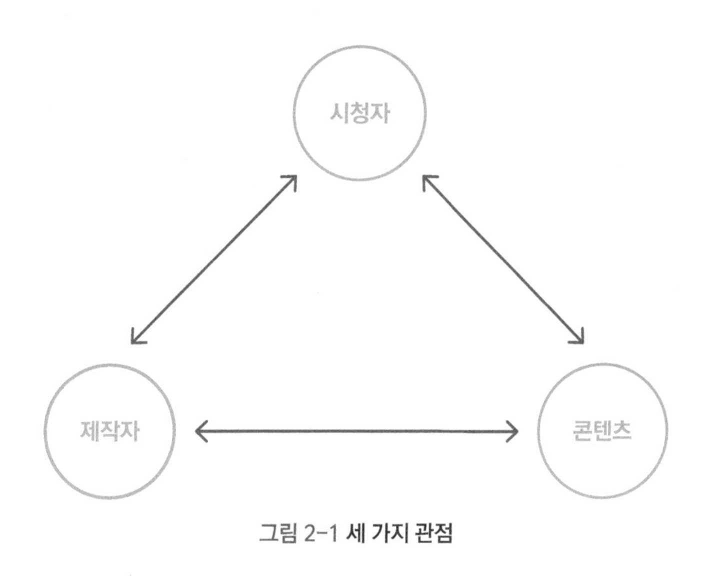

그림 2-1 세 가지 관점

하나의 관점이 '주체'가 되면 다른 관점이 '대상'이 되어 분석에 필요한 질문을 만들 수 있습니다. '주체'가 제작자이고 '대상'이 시청자일 때의 예로 질문을 하나 만들면 '(제작자는)시청자에게 무엇을 전달해야 할까?'라는 문장을 만들 수 있습니다. 예를 두 개 더 들어 표로 정리해 놓았습니다.

	주체	대상	질문
1	제작자	시청자	(제작자는) 시청자에게 '무엇'을 전달해야 할까?
2	시청자	제작자	(시청자가 생각하기에) 제작자는 '왜' 이 콘텐츠를 만들었을까?
3	콘텐츠	제작자	(콘텐츠가 생각하는) 제작자의 장점은 '무엇'일까?

그림 2-2 질문 만들기

질문을 만들다 보면 '무엇' 또는 '왜'를 사용하게 되는데 이는 분석에 필요한 기본 요소이기 때문입니다. 하나의 관점에서 다른 관점을 대상으로 '무엇' 또는 '왜'를 사용하여 질문을 만들면 선행 자료에서 필요한 정보를 파악하는데 용이합니다.

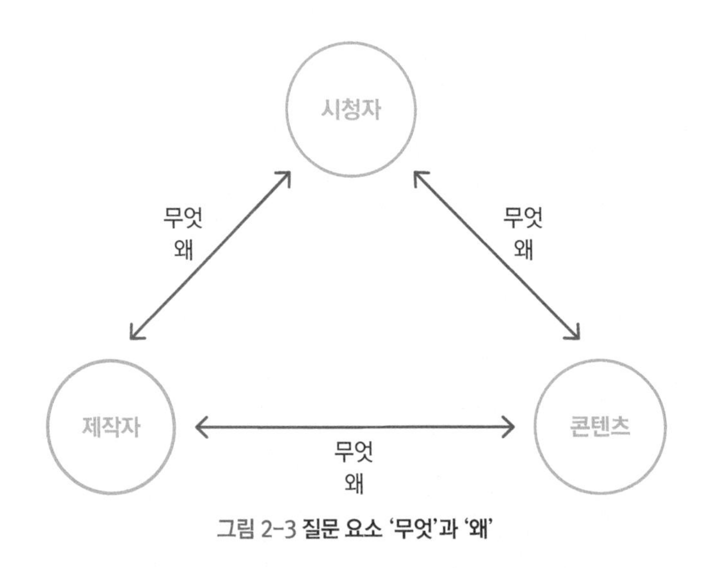

그림 2-3 질문 요소 '무엇'과 '왜'

한 가지 추가할 것이 있습니다. 제작자와 시청자 관점 사이에는 '무엇'과 '왜'

뿐 아니라 '어떻게'도 질문 요소로 추가합니다. '어떻게'는(1부에서도 강조한) '제작자와 시청자의 관계 좁히기'가 선행 자료에 '어떻게' 적용되었는지 파악하기 위해서 꼭 필요합니다.

	주체	대상	질문
1	제작자	시청자	(제작자는) '어떻게' 시청자와 가까워질 수 있을까?
2	제작자	시청자	(제작자는) 시청자와 '어떻게' 밀접한 관계를 유지해야 할까?
3	시청자	제작자	(시청자가 생각하기에) '어떻게' 이 제작자처럼 콘텐츠를 만들 수 있을까?

그림 2-4 **'어떻게'를 추가한 질문 만들기**

'어떻게'를 사용한 질문으로 제작자와 시청자 사이를 분석하면 나의 콘텐츠에 적용할 수 있는 '관계 좁히기' 방법을 추가로 배울 수 있습니다.

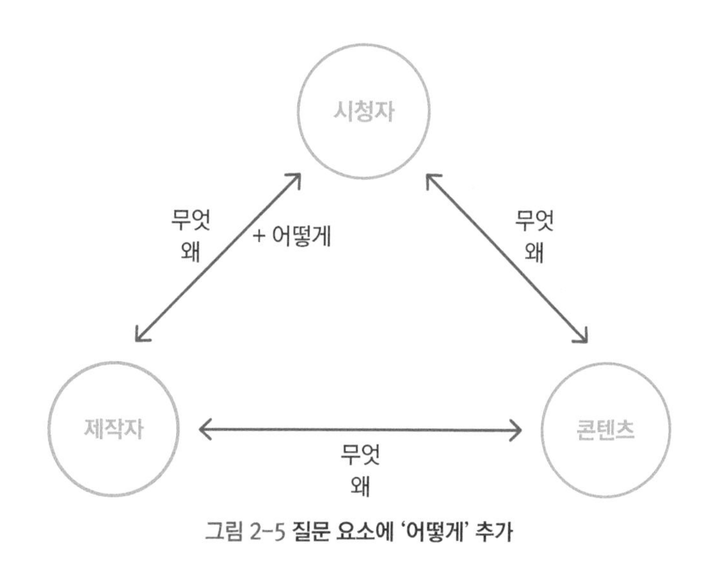

그림 2-5 **질문 요소에 '어떻게' 추가**

2. 분석할 자료 모으기

분석할 선행 자료를 찾다 보면 여러 가지 종류와 성격의 콘텐츠를 발견하게 됩니다. 예를 들어 '요리' 콘텐츠를 제작할 계획이라면 '같은 소재'인 '요리' 관련 선행 자료들(전문 요리사 방송, 혼밥 자취생 방송, 야식 직장인 방송, 요리하는 할아버지 방송 등)이 여러 개 보일 것입니다.

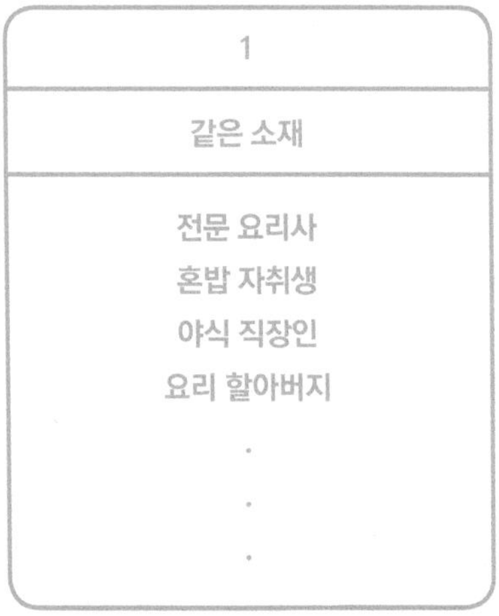

1
같은 소재
전문 요리사 혼밥 자취생 야식 직장인 요리 할아버지 · · ·

그림 2-6 '같은 소재'의 예

요리 중에서도 '환경'과 '건강'을 생각한 채식 요리를 고민하고 있다면 '비슷한 주제 의식'(동물 복지, 물 부족, 쓰레기 줄이기, 식품 영양학 등)을 가진 콘텐츠도 접하게 됩니다.

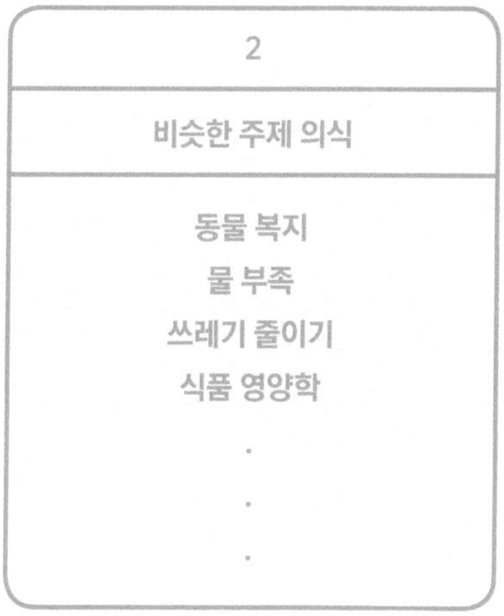

2

비슷한 주제 의식

동물 복지
물 부족
쓰레기 줄이기
식품 영양학
.
.
.

그림 2-7 '비슷한 주제 의식'의 예

자료를 찾다 보면 '형식'이 괜찮은 콘텐츠(브이로그[3] 형식, 튜토리얼 형식, 재연을 포함한 형식, 다큐멘터리 형식 등)를 종종 접하는데 이 부분도 놓치지 않고 모읍니다. 나중에 그 자료를 다시 찾으려면 찾지 못할 수도 있고, 시간도 이중으로 소요되기 때문에 보일 때 저장해 두어야 합니다.

3) 브이로그(Vlog)는 비디오와 블로그를 합친 단어로 일상을 통해 전하고 싶은 내용을 자연스럽게 드러냄.

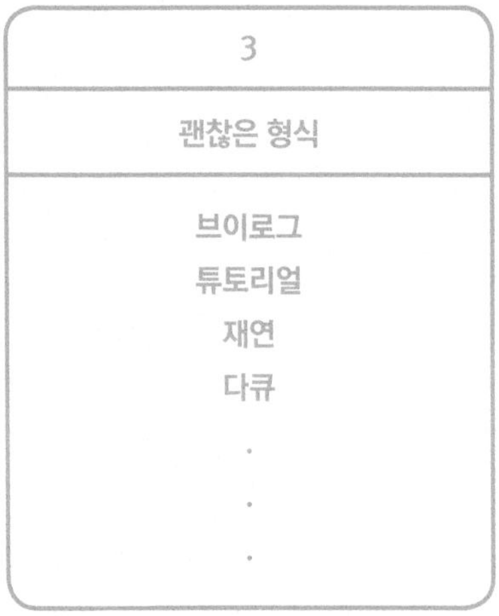

3

괜찮은 형식

브이로그
튜토리얼
재연
다큐
.
.
.

그림 2-8 **'괜찮은 형식'**의 예

'표현 방법'이 잘 된 선행 자료(직접 촬영, 일러스트 그림으로 표현, 자료 화면 활용, 실사와 그림을 혼합한 표현 등)도 함께 모읍니다.

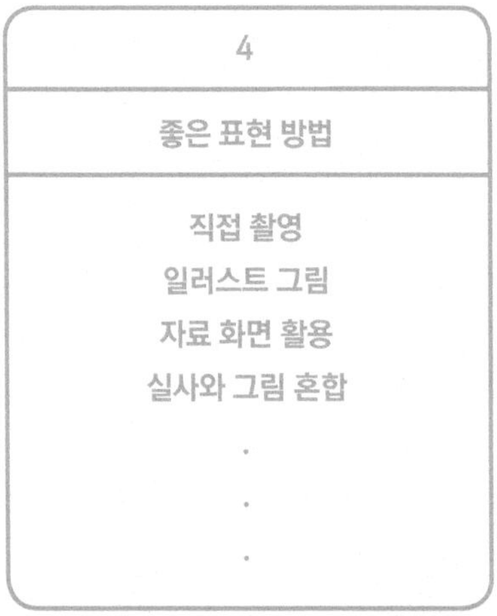

4

좋은 표현 방법

직접 촬영
일러스트 그림
자료 화면 활용
실사와 그림 혼합
.
.
.

그림 2-9 **'좋은 표현 방법'**의 예

마지막으로 고려할 점은 콘텐츠의 '분량'입니다. 분량은 아이디어 구체화에 도움이 되고 스토리 구성에도 필요하기 때문에 대략이라도 정하고 시작하는 것이 좋습니다. 나의 콘텐츠 분량 설정에 도움 될 선행 자료(시즌별 구성, 한 시즌이 진행되는 기간, 한 시즌 속 에피소드의 개수, 에피소드별 시간 등)가 있다면 참고하도록 합니다.

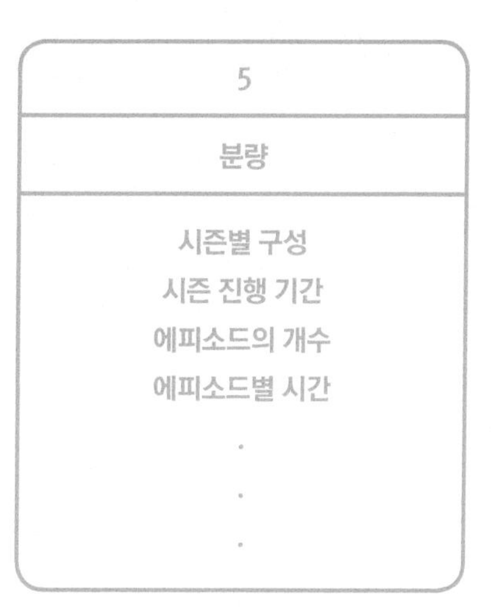

그림 2-10 **'분량'의 예**

1	2	3	4	5
같은 소재	비슷한 주제 의식	괜찮은 형식	좋은 표현 방법	분량
전문 요리사 혼밥 자취생 야식 직장인 요리 할아버지 . . .	동물 복지 물 부족 쓰레기 줄이기 식품 영양학 . . .	브이로그 튜토리얼 재연 다큐 . . .	직접 촬영 일러스트 그림 자료 화면 활용 실사와 그림 혼합 . . .	시즌별 구성 시즌 진행 기간 에피소드의 개수 에피소드별 시간 . . .

그림 2-11 **범위별 자료 모으기의 예**

3. 분석용 질문 만들기

모은 자료를 모두 분석하면 좋겠지만 그러기엔 시간적 여유가 부족합니다. 범위별로 가장 도움 될 자료를 하나 선택 후 분석에 필요한 질문을 만듭니다.

1	2	3	4	5
같은 소재	비슷한 주제 의식	괜찮은 형식	좋은 표현 방법	분량
전문 요리사 **혼밥 자취생** 야식 직장인 요리 할아버지 . . .	동물 복지 물 부족 쓰레기 줄이기 **식품 영양학** . . .	**브이로그** 튜토리얼 재연 다큐 . . .	**직접 촬영** 일러스트 그림 자료 화면 활용 실사와 그림 혼합 . . .	시즌별 구성 시즌 진행 기간 에피소드의 개수 **에피소드별 시간** . . .

그림 2-12 **범위별 '대표 자료' 선택하기**

질문 만들기를 위해 앞에서 살펴본 '세 가지 관점'의 삼각형 그림을 다시 떠올립니다. 한 관점이 '주체'가 되어 다른 관점을 '대상'으로 '무엇' 또는 '왜'를 사용하여 질문을 만듭니다. 추가로 제작자와 시청자 사이에는 '어떻게'를 사용하여 질문을 만들고 '관계 좁히기' 방법을 알아봅니다.

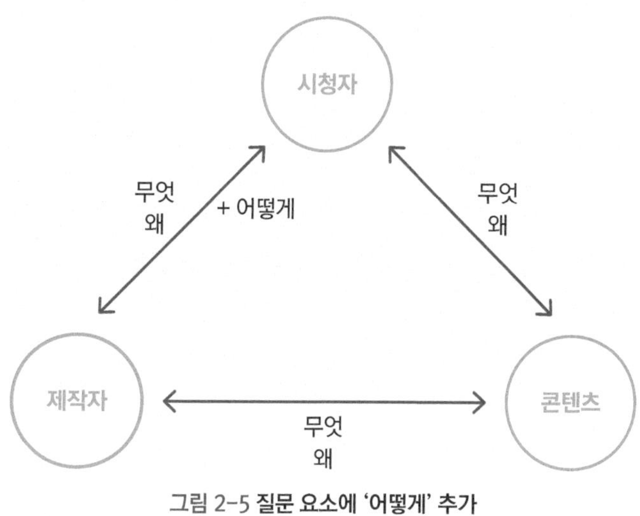

그림 2-5 **질문 요소에 '어떻게' 추가**

첫 번째 범위인 '같은 소재'를 가진 자료 분석을 위해 질문을 만들겠습니다.

1			
범위) 같은 소재			
㉮ 혼밥 자취생			
	주체	**대상**	**질문**
1	제작자	시청자	(제작자가 생각하기에) 시청자가 이 콘텐츠를 보는 이유는 '무엇'일까?
2	제작자	시청자	(제작자는) 요리를 통해 시청자에게 '무엇'을 전달해야 할까?
3	시청자	콘텐츠	(시청자가 생각하기에) '왜' 혼밥 요리(콘텐츠)가 다른 요리와 다를까?
4	콘텐츠	제작자	(콘텐츠가 생각하기에) 제작자가 자취생이어서 얻는 장점은 '무엇'일까?
5	시청자	제작자	(시청자가 생각하기에) 제작자는 콘텐츠의 지속성을 높이기 위해 '무슨' 노력을 하고 있을까?

6	제작자	시청자	(제작자가 생각하기에) 다른 제작자가 비슷한 콘텐츠를 만든다면 시청자는 기존 방송을 '왜' 봐야 할까?

그림 2-13 **'같은 소재'의 질문 만들기**

'비슷한 주제 의식'을 가진 자료를 분석할 질문입니다.

2			
범위) 비슷한 주제 의식			
ⓔ 식품 영양학 (전문가 방송)			
	주체	**대상**	**질문**
1	콘텐츠	제작자	(콘텐츠가 생각하기에) 제작자가 선택한 이야기 방식은 정보 전달 방송에 '왜' 필요할까?
2	제작자	시청자	(제작자가 생각하기에) 시청자는 콘텐츠에서 정보 외에 '무엇'을 기대할까?
3	시청자	제작자	(시청자가 생각하기에) 제작자는 '왜' 이 방송 채널을 개설했을까?
4	시청자	콘텐츠	(시청자가 생각하기에) 다른 영양소 관련 방송과 이 콘텐츠의 차이점은 '무엇'일까?
5	시청자	제작자	(시청자가 생각하기에) 제작자는 '어떻게' 구독 시청자를 늘렸을까?
6	시청자	제작자	(시청자가 생각하기에) 오랜 시간이 지났는데도 제작자는 '어떻게' 새로운 콘텐츠를 계속 만들 수 있을까?

그림 2-14 **'비슷한 주제 의식'의 질문 만들기**

마지막 예로 '괜찮은 형식'의 자료 분석용 질문입니다.

3			
범위) 괜찮은 형식			
㊀ 브이로그			
	주체	대상	질문
1	콘텐츠	시청자 제작자	(콘텐츠가 생각하기에) 브이로그로는 시청자, 제작자에게 '무슨' 장점이 있을까?
2	제작자	시청자	(제작자가 생각하기에) 결과보다 과정을 자세히 보여주는 게 시청자에게 '무슨' 도움이 될까?
3	시청자	콘텐츠	(시청자가 생각하기에) 브이로그의 1인칭 시점 촬영은 콘텐츠에 '왜' 필요할까?
4	콘텐츠	시청자	(콘텐츠가 생각하기에) 시청자는 방송에서 '무엇'을 기대할까?
5	시청자	제작자	(시청자가 생각하기에) 제작자의 지인들은 '왜' 콘텐츠에 등장할까?
6	제작자	시청자	(제작자가 생각하기에) 일상은 짧게, 정보는 자세하게 보여주면 시청자는 '어떻게' 반응할까?

그림 2-15 **'괜찮은 형식'의 질문 만들기**

만든 질문에 답을 하다 보면 자료의 장단점이 드러납니다. 장점은 배우고 단점은 시간을 투자하여 보완 방법을 구체적으로 마련합니다. 선행 자료와 같은 실수를 하지 않기 위해서는 장점보다 단점을 더 집중적으로 분석합니다. 질문을 통한 분석 연습은 '차별화된 콘텐츠 구성'의 시작점입니다. 처음에는 복잡해 보이고 번거로울 수 있지만 익숙해지면 어느 순간 자료를 보는 중에도 스스로 질문하는 모습을 발견하게 될 것입니다.

발상의 기초: 사칙 연산 활용하기

1. 사칙 연산을 활용한 아이디어

자료 분석을 마쳤으니 본격적인 '아이디어 내기' 단계로 들어갑니다. 우연히 좋은 생각이 떠오르면 좋겠지만 그런 일은 드물기 때문에 좀 더 쉬운 방법으로 시작하겠습니다. 매일 사용하는 물건, 좋아하는 책 구절, 직접 찍은 사진 등 자신의 주변에 있는 것 중 하나를 고릅니다. 거기에 어떤 것을 더하거나, 빼거나, 때로는 두세 배 증가시키거나, 나누어 봅니다. 숫자가 아닌데 어떻게 수학 문제처럼 풀 수 있는지 이해하기 어려우실 테니 예를 들어 설명하겠습니다.

▷ 더하기

더하기의 예는 카메라 폰입니다. 휴대폰 더하기 카메라입니다. 1999년 5월 교세라에서 세계 최초 카메라폰인 VP-210을 제시했습니다. 이를 시작으로 카메라 기능은 점점 향상되었고 지금은 렌즈가 여러 개 장착된 스마트폰을 사용할 정도로 휴대폰에서 카메라 기능은 뺄 수 없는 존재가 되었습니다.

그림 2-16 **'더하기'의 예**

▷ 빼기

빼기의 예는 프라이팬에서 손잡이가 따로 분리되는 프라이팬입니다. 손잡이 때문에 실제 사용 면적보다 크키가 커져 보관 시 면적을 많이 차지하고 설거지 할 때도 불편합니다. 손잡이는 필요시에만 부착하고 그 외에는 떼면 됩니다. 여러 사이즈의 프라이팬과 냄비에 하나의 손잡이를 두루 사용할 수 있는 장점도 생깁니다.

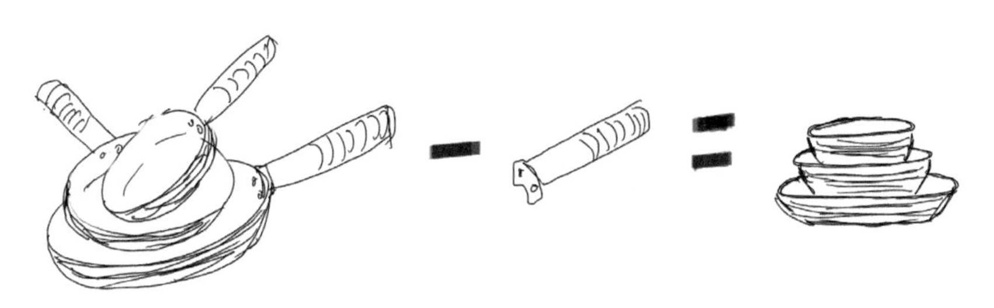

그림 2-17 **'빼기'의 예**

▷ 곱하기

곱하기의 예는 농축 세제입니다. 일반 세제보다 계면 활성제 농축도를 높여 만듭니다. 적은 용량으로 기존 세제와 같은 효과를 내고 전체 용량이 줄어들어 무겁지 않습니다. 부피도 작아져 사용과 보관이 편리해졌습니다.

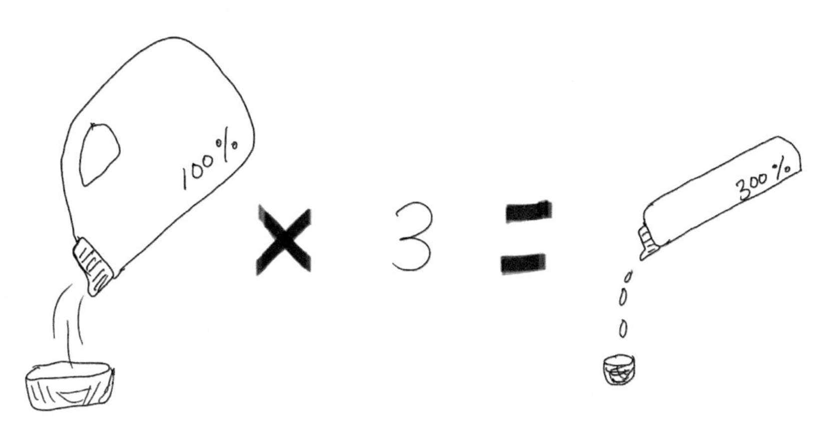

그림 2-18 **'곱하기'의 예**

▷ 나누기

나누기의 예는 우산입니다. 일반 우산 길이를 반으로 나눠 2단 우산을 만듭니다. 더 나눠 3단, 4단 우산도 만듭니다. 휴대하기 편해졌고 비가 오지 않더라도 예비로 가방에 넣고 다니는데 부담이 없어졌습니다.

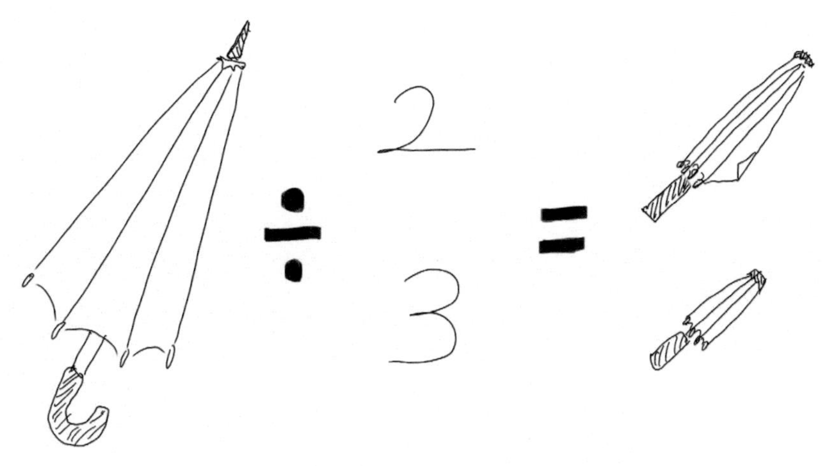

그림 2-19 **'나누기'**의 예

사칙 연산으로 생활에 편리함을 주는 제품이 탄생했습니다. '아이디어 내기'를 어렵게 느끼는 사람에게 쉽게 생각하는 방법을 알려주는 좋은 사례들입니다.

2. 활용 방법1: 그림에 문자 더하기

터키 라디오 방송국 '열린 라디오(Açık Radyo, 영어로 Open Radio)'의 광고입니다. 사람이 오선지에 그려진 음표처럼 보입니다. 앉거나 서 있는 사람의 서로 다른 높낮이는 음표의 높낮이를 나타냅니다.

원본(Original) 사진은 미국 사진가 해롤드 파인스타인(Harold Feinstein)이 찍었고 1952년 뉴욕 타임스에 실렸습니다. 2013년에는 원본 사진을 사용하여 '사람의 음악(Music of the People)'이라는 카피를 더해 '열린 라디오' 광고가 만들어졌습니다.

그림 2-20 '열린 라디오'의 광고

그림(사람이 음표처럼 보이는 사진)에 문구(Music of the People)가 더해져 하나의 통합된 메시지를 전달하는 콘텐츠(광고)가 되었습니다.

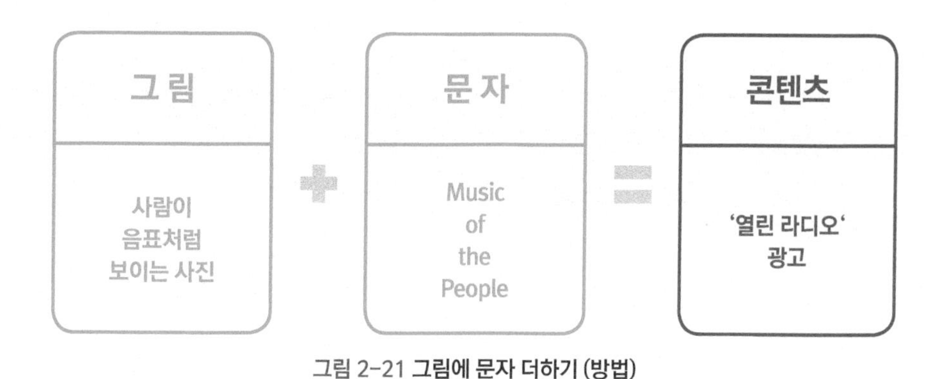

그림 2-21 그림에 문자 더하기 (방법)

3. 활용 방법2: 문자에서 그림 빼기

이탈리아 자동차 FIAT(피아트)에서 운전 중 휴대폰 문자 사용 금지에 관한 광고를 만들었습니다. 문자인 알파벳 하나하나가 포스터이고 그 포스터들이 합쳐져 큰 포스터 한 개가 되었습니다. 문자 중 '길'이라는 뜻의 알파벳 'ROAD'를 골라 확대한 후 상단에 위치했습니다. 길에서 문자 사용이 얼마나 위험한지를 강조하기 위함입니다.

알파벳을 자세히 들여다보면 그 안에 그림이 있는 것을 발견할 수 있습니다. 풍선을 든 아이, 나무, 버스, 표지판, 동물, 신호등같이 길에서 마주칠 수 있는 사람과 사물들입니다. 달리는 자동차에서 휴대폰 문자를 사용하면 주의 깊게 봐야 할 길 위의 대상을 보지 못한다는 의미를 나타내기 위해 알파벳(문자 사용을 상징적으로 나타내는 글자들)에 그림(대상)을 숨겼습니다.

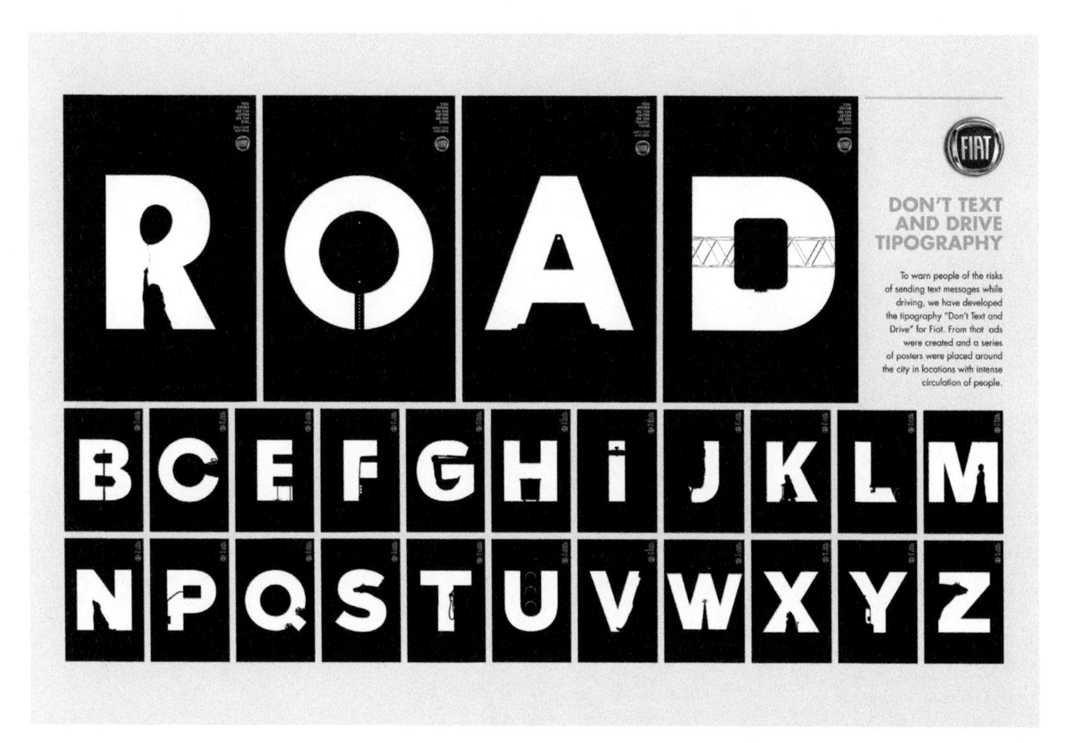

그림 2-22 '피앗'의 운전 중 문자 금지 광고

먼저 각 알파벳이 들어있는 포스터 바탕색을 '검은색'으로 설정하고, 이와 대조되는 '흰색'으로 알파벳을 적습니다. 그리고 사람과 사물의 그림을 '흰색' 알파벳에서 빼냅니다. 글자에서 빠진 형태의 그림은 바탕색인 '검은색'이 되어 자세히 보지 않으면 인식할 수 없습니다. 하나의 지면 광고에 메시지를 함축하기 위해 '빼기' 사칙 연산을 활용한 훌륭한 예입니다.

그림 2-23 문자에서 그림 빼기 (방법)

발상의 응용: 기존 자료의 용도 변경하기

1. 용도 변경1: 온라인 밈(Meme)[4] 활용

발상 방법의 심화 단계로 들어가겠습니다. 기존 사칙 연산의 틀은 그대로이고 원본(Original)의 용도만 변합니다. '기존 자료'의 사용 목적을 '다른 용도'로 변환시키고 사칙 연산을 사용하여 새로운 콘텐츠를 만듭니다.

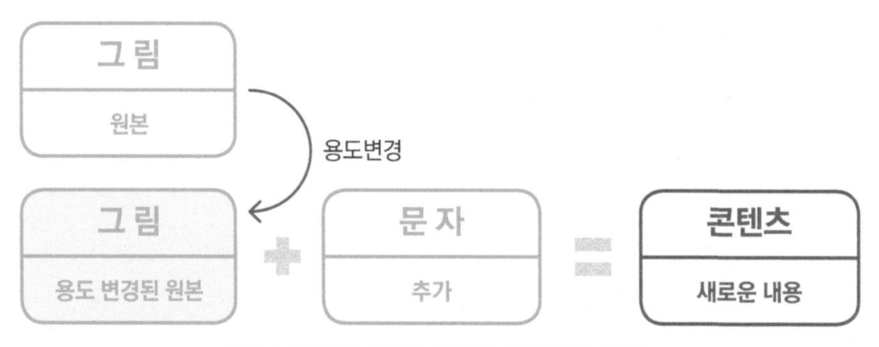

그림 2-24 용도 변경된 그림에 문자 더하기 (방법)

용도 변경의 예로 2018년에 제작된 영국의 '국립 동물 복지 신탁(National Animal Welfare Trust)' 광고를 사용하겠습니다. 당시 해외 온라인에서는 '담요 챌린지(Fluff Challenge)[5]'라는 밈(Meme) 동영상이 유행했습니다.

'담요 챌린지' 동영상 내용

반려동물 보호자가 담요 같은 천으로 자신의 모습을 가린 후 강아지 앞에서 사라집니다. 처음에는 담요를 얼굴 밑으로 내려 자신이 담요 뒤에 있음을 알려줍니다. 얼굴 위로 담요를 올렸다 내렸다를 반복하면서 반려동물에게 존재를 계속 인식시킵니다. 그러다 어느 순간 담요 뒤에서 재빨리 사라지고 강아지 앞에 담요만 남깁니다. 보호자가 보이지 않자 강아지는 짖거나, 찾으러 여기저기 뛰어다니는 등 당황한 행동을 합니다. 보호자는 다시 나타나 웃으면서 강아지를 안아줍니다.

많은 사람이 즐거움을 목적으로 '담요 챌린지' 동영상을 찍어 온라인에 공유했고 한동안 SNS 등 여러 웹사이트에 퍼졌습니다. 영국 국립 동물 복지 신탁도 '담요 챌린지'를 눈여겨보았고 이를 활용하여 자신들이 전하고 싶은 메시지의 광고를 만들었습니다. 하지만 원본 자료의 성격을 변경하였는데, 기존의 '즐거움'의 목적으로 동영상이 사용된 것과 달리 버려지는 강아지 즉 '유기견에 대한 경각심'을 주는 메시지로 바꾼 것입니다. '반려동물 보호자의 사라짐'이라는 표면적으로 드러나는 이미지는 같지만 전달 메시지 내용이 달라진 것입니다.

4) 밈(Meme)은 모방을 통해 퍼지는 문화 요소로 온라인에서 사람들이 어떤 대상을 복사한 것이나 패러디물로 만든 것을 말함.

5) 챌린지는 도전이라는 뜻의 영어 단어.

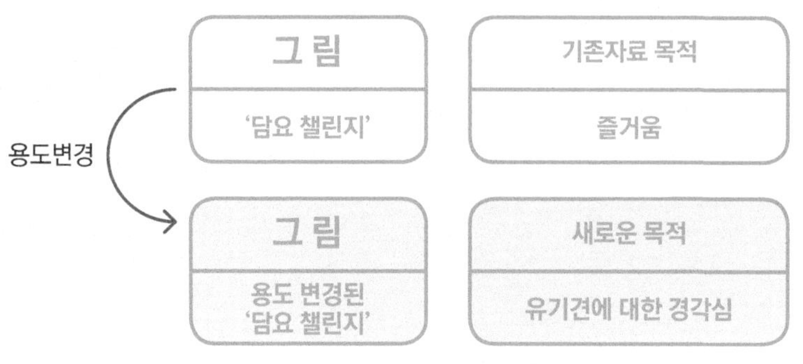

그림 2-25 **'담요 챌린지'의 용도 변경**

광고는 여러 '담요 챌린지' 동영상 중 하나를 골라 편집없이 그대로 사용하면서 자막(광고 카피 문구)만 추가했습니다.

광고 내용

'담요 챌린지' 동영상 내용 그대로 반려동물 보호자가 담요 뒤에 숨어있다가 사라집니다. 담요만 남겨진 채 사람이 보이지 않자 강아지가 당황해하며 찾으러 다닙니다. 그 순간 동영상 중간에 자막(광고 카피 문구)이 서서히 등장합니다.

'매년 영국에 6만 6천 마리 이상의 강아지가 버려집니다. 이렇게(동영상처럼 사람이)사라지는 행동을 멈춥시다(Over 66,000 dogs in the UK are abandoned each year. Let's put an end to this disappearing act.).'

https://www.youtube.com/watch?v=8bAywV_Felo

그림 2-26 '국립 동물 복지 신탁'의 광고 (동영상 캡처)

원본 동영상을 편집하지 않고, 배경 음악도 추가하지 않고 '담요 챌린지' 동영상 기존 그대로 사용하였습니다. 마지막 부분에만 자막(광고 카피 문구)을 추가했습니다. 그림에 글을 더한 사칙 연산 방법을 사용한 것입니다. 하지만 간단한 사칙 연산의 조합이 아니라 원본 자료의 용도를 변환시켜 사용하였고 자막이 추가되면서 새로운 메시지를 전달하는 광고 콘텐츠가 되었습니다.

그림 2-27 용도 변경된 '담요 챌린지'에 문자 더하기 (방법)

2. 용도 변경2: 실제 사건의 활용

보도 자료로 촬영된 동영상을 활용해 2018년 콜롬비아 '도미노피자'에서 시리즈 광고를 제작했습니다. '담요 챌린지'처럼 원본 자료를 용도 변경한 후 문자(광고 카피 문구)를 더하여 새로운 콘텐츠를 만들었습니다.

그림 2-28 용도 변경된 '보도 자료'에 문자 더하기 (방법)

보도 자료를 보는 중 '도미노피자'는 운 좋게 흥미로운 장면을 발견하였습니다. 자연재해와 시위대라는 배달이 불가능할 것 같은 상황에 도미노피자 배달 오토바이가 지나가는 것을 본 것입니다.

광고 내용

미끄러운 눈길, 태풍, 시위대 속에서 도미노피자 배달 오토바이가 이를 힘겹게 뚫고 지나갑니다. 장소, 날짜, 사건명이 화면 좌측 하단에 적혀 있습니다. 배달부가 넘어질 것 같은 아슬아슬한 장면이 계속 보이고 후반에 자막(광고 카피 문구)이 등장합니다.
'우리는 항상 배달합니다(SIEMPRE ENTREGAMOS, 영어로 We always deliver)'

2010년 12월 15일 네덜란드에서 눈보라가 심했던 장면을 사용한 광고입니다.

그림 2-29 **'도미노피자' 광고, 네덜란드 눈보라 (동영상 캡처)**

2018년 9월 5일 오사카에서 태풍 제비가 심한 바람을 일으키는 장면을 사용한 광고입니다.

그림 2-30 **'도미노피자' 광고, 오사카 태풍 제비 (동영상 캡처)**

2017년 7월 7일 독일 함부르크 G20 정상회의 때 시위대 장면을 사용한 광고입니다.

그림 2-31 **'도미노피자' 광고, 독일 함부르크 G20 (동영상 캡처)**

'도미노피자' 광고는 방법 면에서는 밈을 활용한 용도 변경과 다를 것이 없지만, '실제 사건'을 활용한 점에서 메시지 설득력을 한층 더 업그레이드시켰다고 할 수 있습니다. 밈처럼 누군가에 의해 만들어진 이벤트가 아니라 세계적으로 일어난 '사실'을 담은 보도 자료이기 때문에 보는 사람에게 신뢰감까지 전달한 것입니다.

발상의 범위: 거미줄 다이어그램 사용하기

1. 발상의 범위 좁히기

발상 연습을 통해 워밍업을 마쳤고 이제 실질적으로 나의 콘텐츠 아이디어를 떠올릴 차례입니다. 아이디어 개발 도구에는 여러 가지가 있는데 학습에서 자주 사용되는 것은 브레인스토밍과 마인드맵입니다. 생각나는 대로 자유롭게 적어보는 브레인스토밍과 생각의 가지를 뻗어 나가는 마인드맵은 사용하기에 편리하고 결과 도출에도 효과적입니다. 하지만 우리는 여러 생각을 나열하기보다 그중에 정말 필요한 부분을 고르는 게 더 중요합니다.

예를 들어 요리 방송을 한다고 합시다. 온라인에는 이와 관련된 방송이 많이 있고 그중에는 정말 잘하는 크리에이터도 있습니다. 그 속에서 자신의 콘텐츠가 돋보이려면 기존 요리 방송에서 볼 수 없었던 내가 가진 특별한 점을 보여주어야 합니다. 많은 방송 중에 왜 나의 방송을 시청해야 하는지, 시청자에게 이유를 만들어주어야 합니다. 요리와 관련된 나의 장점 중에서도 남들이 하지 않는 특별한 부분을 골라내는 것입니다.

차별성 있는 콘텐츠를 만들기 위해 새로운 아이디어 도출 방법인 '거미줄 다이어그램'을 소개합니다. 거미줄 치는 장면을 보면 1차로 뼈대를 만든 후 2차로 밖에서부터 안으로 좁혀가며 줄을 칩니다. 일반적인 생각 같아서는 중심에서부터 밖으로 뻗어 나갈 것 같은데 거미는 거꾸로 합니다.

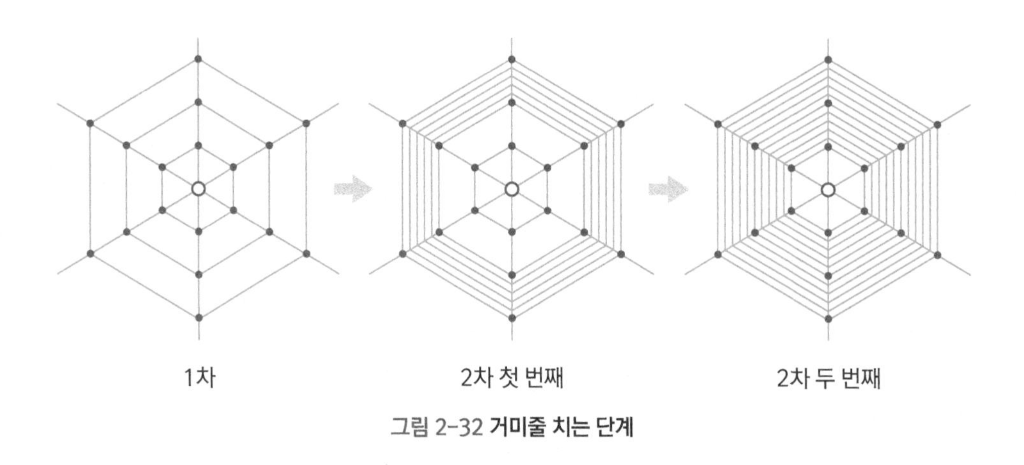

그림 2-32 **거미줄 치는 단계**

아이디어 도출 방법은 첫 번째로 1차 거미줄 치기처럼 먼저 기본 뼈대를 만드는 것입니다. 즉 콘텐츠 주제어를 정하고 거기에서부터 생각을 뻗어 나갑니다. 그리고 다음 단계로 2차 거미줄 치기처럼 그 생각의 범위를 점점 좁혀 나가는 것입니다.

2. 범위 좁히기 1단계: 1차 거미줄 치기

가상 인물 '나'를 만들어 1차 거미줄 치기 연습을 하겠습니다.

설정

◆ 주인공: 나

◆ 키워드: 요리, 인터넷 레시피, 맛, 취사병, 독특한 요리, 팔로워 질문, 도살장, 가축, 곡식, 물 부족, 환경, 채식, 비건(Vegan)

◆ 스토리

요리 좀 한다는 소리 종종 들었다. 고등학생 때부터 새로운 게 먹고 싶을 땐 어머니께 부탁하지 않고 직접 내가 했다. 인터넷에 레시피를 찾아 따라 하면 금방 만들 수 있었다. 가족들도 맛있다고 했다.

대학 입학 후 자취 생활 하면서 매일 요리해 먹고 있다. 친구들도 배달음식보다 더 맛있다고 한다.

군대에서는 취사병으로 복무했다. 이제는 특별한 음식 아니고는 레시피를 찾아보지 않아도 만들 수 있다.

가끔 나만의 방법으로 독특한 요리도 해 본다. 실패하기도 하지만 몇 번 다시 만들어보면 꽤 먹을만하다. SNS에 새로운 요리를 올리면 사람들이 어떻게 만드는지 알려달라고 한다.

얼마 전에 우연히 도살장에 끌려가는 소 동영상을 봤다. 소가 죽으러 가는 걸 아는지 가지 않으려고 안간힘으로 버텼다. 그 모습을 보다 냉동실에 있는 소고기가 떠올랐고 갑자기 안타까운 마음이 생겼다.

소와 도살에 관해 검색했다. 많은 자료 중에 눈에 띄는 건 환경과 관련된 문제였다. 식용을 위해 가축을 키우는데, 가축이 먹는 곡식이 사람이 먹는 것보다 훨씬 많다고 한다.

문제는 곡식을 키우려면 땅과 물이 필요한데 물이 그만큼 충분하지 않다는 것이다. 강수량으로 극복하기 어렵고 지하수도 얼마 안 남았다고 한다. 물이 부족해 고생하는 국가도 있다고 한다. 정말 생각하지도 못했던 부분이다.
가축의 배설물을 정화하는데도 많은 물이 필요하다고 한다. 곡식을 먹여 가축을 키워 그것을 우리가 먹는 것보다 차라리 우리가 곡식을 먹으면 해결될 부분이 많아 보였다.

나도 채식을 한 번 해볼까 생각했다. 하지만 과연 맛있을까 걱정하는 내 모습을 보고 좀 이기적이란 생각이 들었다. 하지만 식사에서 맛은 정말 중요한 부분이다.
다시 채식에 관해 검색했다. 우선 채식 식당을 찾아봤는데 몇 군데 밖에 못 찾았다. 검색을 잘 못 한 것인지 채식 식당이 별로 없는 것인지 잘 모르겠다.

연관 검색에 비건(Vegan)이란 단어가 보인다. 우유와 달걀도 안 먹는 비건은 극도의 채식주의자인가보다. 요리에 달걀이 많이 들어가는데 비건은 도대체 어떤 음식을 먹을 수 있을까?
몇 주 동안 가축과 채식에 대해 공부하다 보니 채식 요리에 도전하고 싶은 생각이 들었다. 육식 요리보다 채식 요리 레시피가 많지 않았다.

모든 재료가 채식인 완전한 채식 요리에 흥미가 생겼다. 그리고 사람들이 두려워하는 맛없는 채식을 내 요리 실력으로 극복해보고 싶었다. 하지만 아직 비건은 아니다. 우선 도전하는 단계이다. 서툴지만 하나씩 요리해서 온라인에 공유하려 한다. 이번에는 완성된 요리 사진이 아닌 요리 과정을 동영상으로 찍어 올리면 좋을 것 같다.

'나'가 1차 거미줄 치기를 한다면 '요리'를 주제어로 생각을 나열할 것입니다. 1차에서는 단어, 문장, 그림, 동영상(캡처 사용) 등 표현 방법에 구애받지 않고 다양하게 사용하여 떠오르는 것을 모두 적습니다. 필요하다면 다른 자료에서 오려 붙여도 되고 자료가 음악이면 악보를 그려도 됩니다. 표현할 수 있는 만큼 최대한 자세하게 만들어 뼈대를 구축합니다.

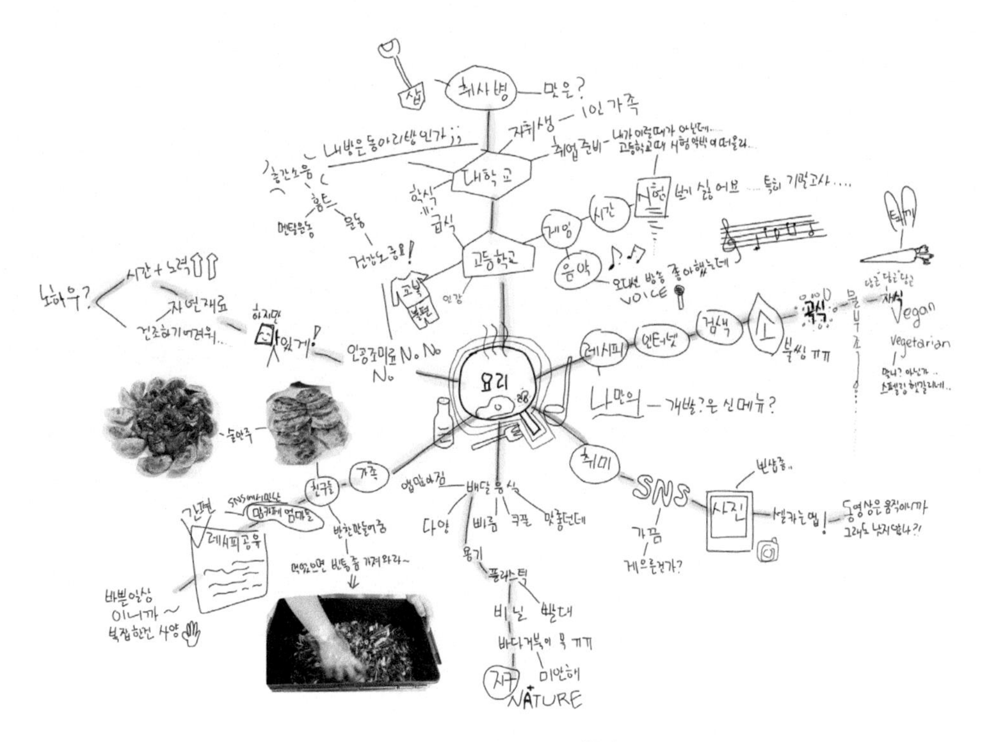

그림 2-33 **1차 거미줄 치기**

3. 범위 좁히기 2단계: 2차 거미줄 치기

2차에서는 거미처럼 밖에서부터 안으로 범위를 좁혀가겠습니다. 나열한 것 중에 콘텐츠에서 다루면 좋을 것 같은 '주요 사항'을 선택하고 이를 이어줍니다. 2차 첫 번째 거미줄 치기가 완성되었습니다.

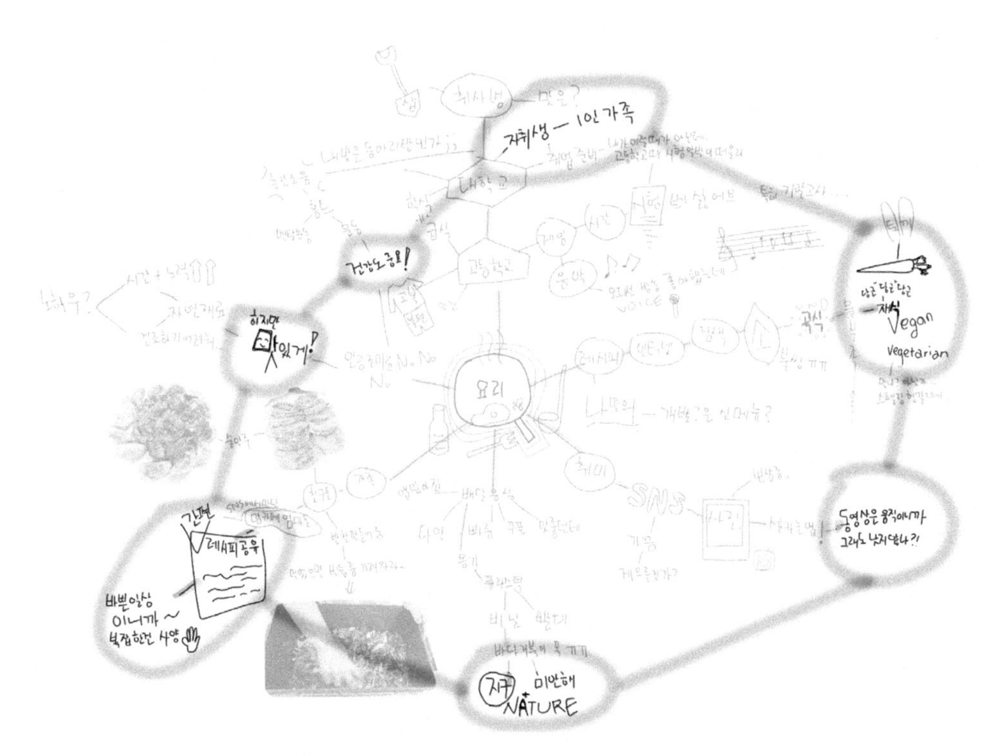

그림 2-34 2차 첫 번째 거미줄 치기

첫 번째 거미줄을 도형으로 간단하게 표현하겠습니다.

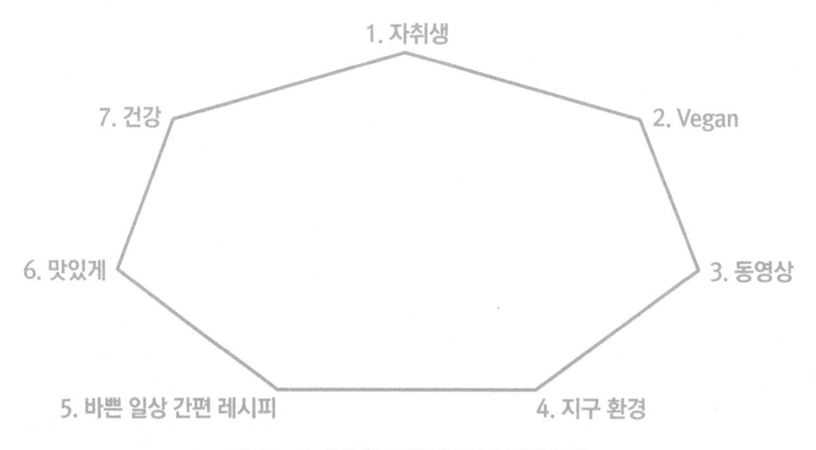

그림 2-35 2차 첫 번째 거미줄 치기 (도형)

	2차 첫 번째 거미줄 치기(결과)
1	자취생
2	Vegan
3	동영상
4	지구 환경
5	바쁜 일상 간편 레시피
6	맛있게
7	건강

그림 2-36 **2차 첫 번째 거미줄 치기 (결과)**

2차 첫 번째 거미줄 치기를 통해 주요 구성 요소가 선택되었고 2차 두 번째 거미줄 치기로 범위를 한 번 더 좁히겠습니다.

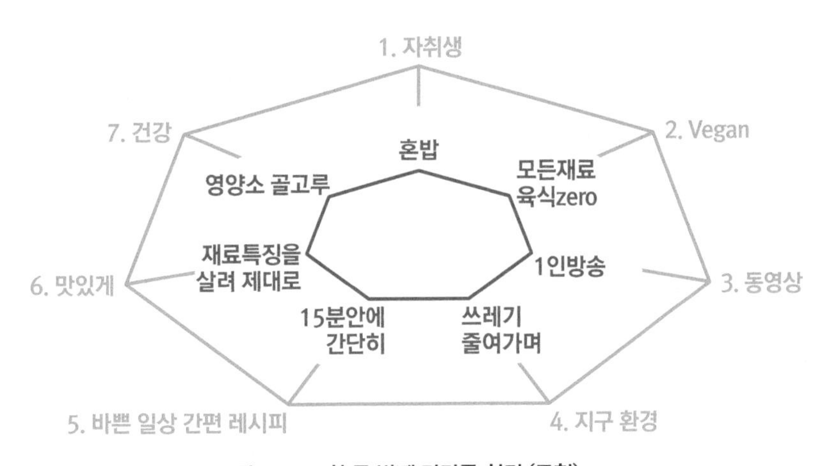

그림 2-37 **2차 두 번째 거미줄 치기 (도형)**

	2차 첫 번째 거미줄 치기(결과)	2차 두 번째 거미줄 치기(결과)
1	자취생	혼밥
2	Vegan	모든 재료 육식 zero
3	동영상	1인 방송
4	지구 환경	쓰레기 줄여가며
5	바쁜 일상 간편 레시피	15분 안에 간단히
6	맛있게	재료 특징을 살려 제대로
7	건강	영양소 골고루

그림 2-38 **2차 두 번째 거미줄 치기 (결과)**

자세하게 범위를 좁혔습니다. 당장 제작 요소로 사용해도 될 만큼 최대한 구체화하는 것이 중요합니다. 더욱 세밀하게 하기 위해 추가로 한 번 더 2차 세 번째 거미줄 치기를 하겠습니다.

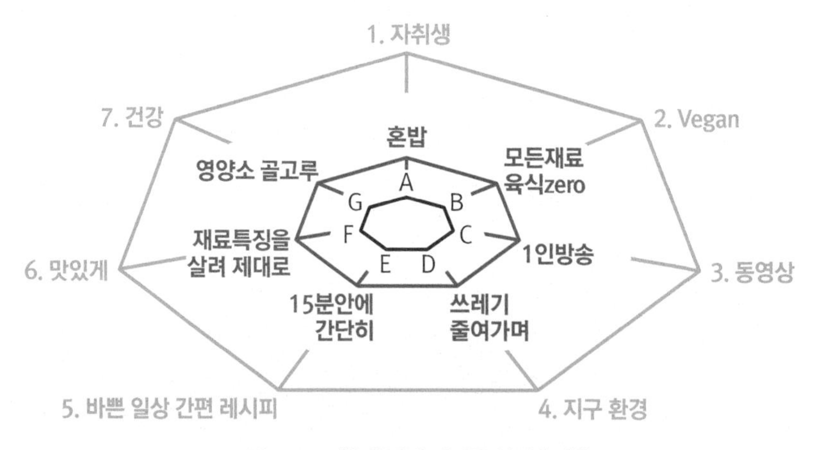

그림 2-39 **2차 세 번째 거미줄 치기 (도형)**

	2차 첫 번째 거미줄 치기(결과)	2차 두 번째 거미줄 치기(결과)	2차 세 번째 거미줄 치기(결과)
1	자취생	혼밥	A. 아침 식사. 세끼 중 아침 식사에 초점
2	Vegan	모든 재료 육식 Zero	B. 달걀 없이, 고기 없이, 우유 없이 등 채식을 시작하는 사람을 위해 대체 음식부터 요리 시작
3	동영상	1인 방송	C. 시즌1은 달걀 대체 요리, 시즌2는 고기 대체 요리, 시즌3은 우유 대체 요리 등으로 진행
4	지구 환경	쓰레기 줄여가며	D. 비닐, 랩 등 일회용품 사용 안 하기, 음식물 쓰레기도 최대한 안 나오게 요리
5	바쁜 일상 간편 레시피	15분 안에 간단히	E. 15분 안에 완성할 수 있는 요리를 선정하여 촬영하고 방송은 5분으로 편집
6	맛있게	재료 특징을 살려 제대로	F. 열 사용 최대한 줄이고 채소의 신선함과 향을 살려 맛있게
7	건강	영양소 골고루	G. 다른 영양소도 고루 갖추지만 아침 식사이기 때문에 단백질에 더욱 신경 씀

그림 2-40 **2차 세 번째 거미줄 치기 (결과)**

2차 세 번째 거미줄 치기로 콘텐츠에 필요한 요소들을 뽑아냈고, 만약 더 구체화할 필요가 있다면 2차 네 번째 거미줄 치기를 진행하면 됩니다. 범위를 좁히면 좁힐수록 자신만의 강점이 살아나며 다른 콘텐츠에서 볼 수 없는 차별성을 갖게 됩니다.

1. 동영상 제작 전문가의 구조와 역할

동영상 제작이 이뤄지는 전반적인 구조입니다. 표시된 직군 이외에도 더 많은 전문가가 제작에 참여합니다.
전문 직업의 이름은 같지만 방송, 영화, 광고 등 분야별로 업무 내용에 차이가 있는 경우가 있습니다. 예를 들어 PD는 명칭은 같지만 각 분야에서의 업무 내용이 다릅니다.
방송 PD는 감독처럼 연출을 겸합니다.
영화 PD는 제작비, 제작인력, 제작관리 등을 총괄합니다.
광고 PD는 제작에 필요한 인력과 업무를 조정합니다.

명칭은 같고 업무 내용이 다른 것은 국내와 해외에도 존재합니다.
국내에서의 촬영감독(Director of Photography)은 직접 촬영을 실행합니다.
해외(미국의 경우)에서의 촬영감독은 카메라를 잡지 않고 촬영과 관련된 전반적인 업무 카메라, 조명, 미술 등)를 총감독합니다. 직접 카메라를 잡고 촬영하는 사람은 촬영전문가(Camera Operator)입니다.

세부적으로는 일부 다른 점이 있지만 동영상 제작의 전체적인 과정은 위와 같습니다. 전문 역할이 어느 단계에 속해 있고 각각 어떠한 관계를 맺는지 전체적으로 이해하는 데 도움이 되는 조직도입니다.

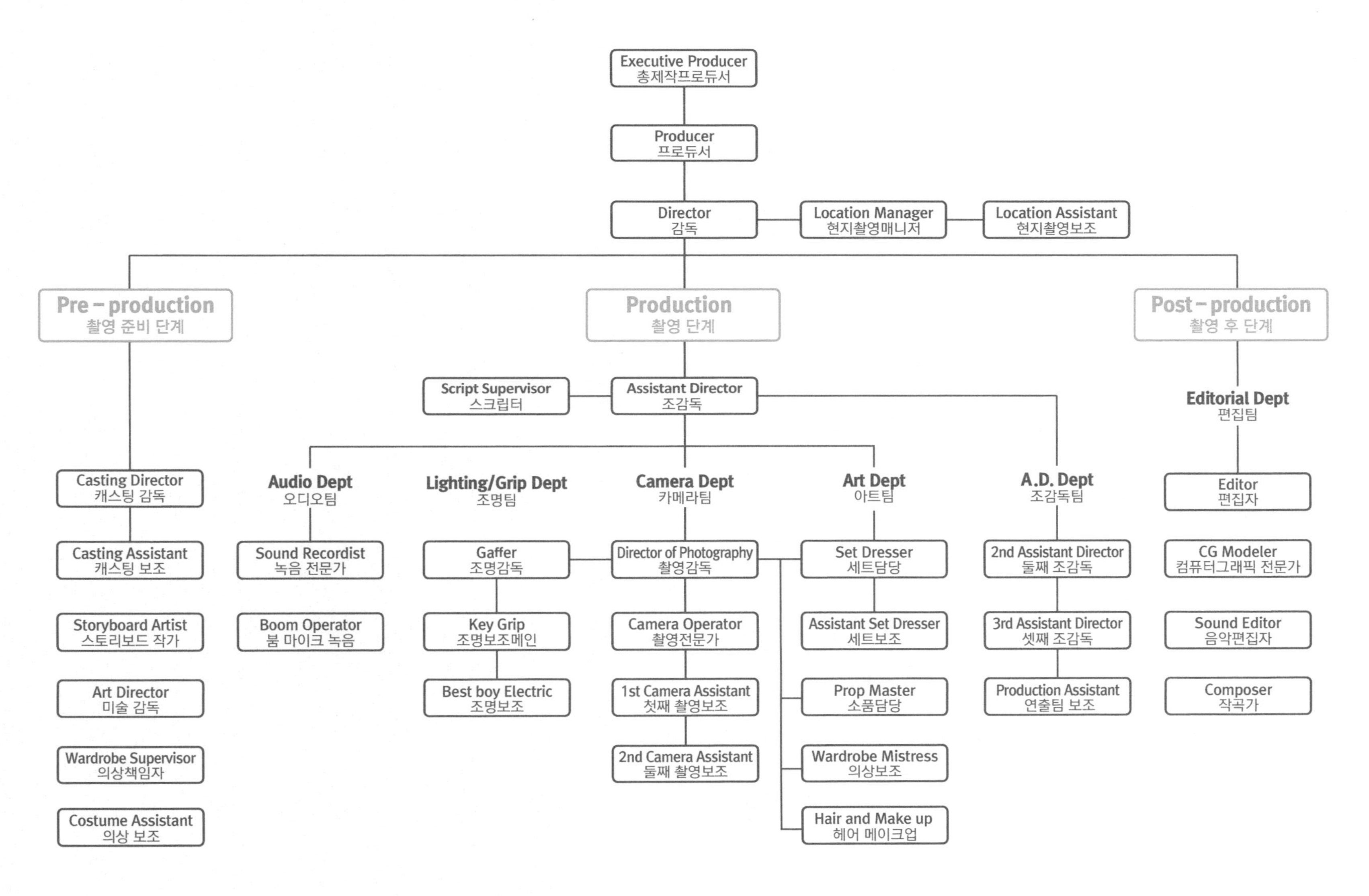

Executive Producer
총제작프로듀서
Producer
프로듀서
Director
감독
Location Manager
현지촬영매니저
Location Assistant
현지촬영보조
Pre – production
촬영 준비 단계
Production
촬영 단계
Post – production
촬영 후 단계
Script Supervisor
스크립터
Assistant Director
조감독
Editorial Dept
편집팀
Casting Director
캐스팅 감독
Casting Assistant
캐스팅 보조
Storyboard Artist
스토리보드 작가
Art Director
미술 감독
Wardrobe Supervisor
의상책임자
Costume Assistant
의상 보조
Audio Dept
오디오팀
Sound Recordist
녹음 전문가
Boom Operator
붐 마이크 녹음
Lighting/Grip Dept
조명팀
Gaffer
조명감독
Key Grip
조명보조메인
Best boy Electric
조명보조
Camera Dept
카메라팀
Director of Photography
촬영감독
Camera Operator
촬영전문가
1st Camera Assistant
첫째 촬영보조
2nd Camera Assistant
둘째 촬영보조
Art Dept
아트팀
Set Dresser
세트담당
Assistant Set Dresser
세트보조
Prop Master
소품담당
Wardrobe Mistress
의상보조
Hair and Make up
헤어 메이크업
A.D. Dept
조감독팀
2nd Assistant Director
둘째 조감독
3rd Assistant Director
셋째 조감독
Production Assistant
연출팀 보조
Editor
편집자
CG Modeler
컴퓨터그래픽 전문가
Sound Editor
음악편집자
Composer
작곡가

3부

콘텐츠 시각화 아이디어

초보자의 제작(시각화) 조건 파악하기

1. 기술적, 시간적, 비용적 조건

'무엇'에 관한 콘텐츠인지 정했다면 이제는 '어떻게' 표현할지 고민할 차례입니다. 초보 제작자는 전문가보다 상대적으로 경험이 적고 작업 툴(Tool)이 익숙하지 않기 때문에 시각화 작업을 어렵게 생각합니다. 하지만 시각화의 궁극적 목적은 효과적인 메시지 전달에 있다고 간단하게 생각하면 도전 못 할 일은 아닙니다. 초보자가 더 창의적인 방법으로 표현할 수도 있습니다.

내가 가진 조건 파악하기 (체크 표시하기)

1. 불리한 조건
   - 기술적 조건
     - □ 동영상 제작 과정 정확하게 모름
     - □ 어떤 장비가 필요한지 모름
     - □ 전문 장비 다룰 줄 모름

- 시간적 조건
  - □ 혼자서 제작 전반을 진행하려면 많은 시간이 필요할 것 같음
  - □ 전문가처럼 콘텐츠 제작에만 모든 시간을 투자하기 어려움
- 비용적 조건
  - □ 장비나 후반 작업 프로그램을 구매할 경제적 여유 없음
  - □ 제작을 도와줄 인력(=비용) 없음

2. 유리한 조건
- 기술적 조건
  - □ 스토리가 있는 글을 써본 적 있음
  - □ 인터넷으로 이미지 검색해 본 적 있음
  - □ 휴대폰으로 동영상 찍어본 적 있음
- 시간적 조건
  - □ (짧은 시간 안에 간편하게 사용하는)편집 앱으로 컷 편집해 본 적 있음
  - □ (짧은 시간 안에 간편하게 사용하는)편집 앱으로 자막이나 음악도 넣어 봤음
- 비용적 조건
  - □ 인터넷으로 무료 편집 프로그램을 다운받아 사용해 본 적 있음
  - □ (무료로)피드백해 줄 가족이나 친구 있음

위의 '내가 가진 조건 파악하기'에서 체크 표시한 '불리한 조건'이 '유리한 조건'의 개수보다 많다고 걱정할 필요 없습니다. 객관적으로 내가 어떤 상태인지 점검하는 데 목적이 있는 항목들입니다. 불리한 조건은 유리한 조건을 활용해 극복하면 됩니다.

수업 중 다수의 학생이 언급한 불리한 조건은 '경제적 여유가 없다'와 '혼자서 계획, 촬영, 편집 다 하려니 시간이 부족하다' 였습니다. 전문가도 개인 작품을 혼자서 하려면 저 두 문제가 큰 고민거리입니다. 몇 번 지인에게 도와 달라 부

탁할 수는 있지만 그 이상은 어렵습니다. 제작에서 인력은 비용입니다. 인력을 줄여 멀티플레이어로 한 명이 여러 일을 한다고 하면 시간이 부족해지고 각 분야의 전문가만큼 질 높은 결과물을 만들기 어렵습니다. 혼자서 제작 전반을 하는 것은 숙련된 제작자에게도 큰 도전이니 겁내지 않아도 됩니다.

최근에는 개인 방송이지만 전문가의 도움을 받아 체계적으로 제작되는 콘텐츠도 있습니다. 그만큼 개인 방송 수요가 많아졌고 수익 구조가 체계화되었다는 의미입니다. 초보 제작자에게는 주어진 제약 사항들도 버거운데 전문가와도 경쟁해야 한다니 고민의 연속이지만 방법을 찾으면 극복할 수 있습니다.

(제작)시간과 비용의 부족함 극복하기

콘텐츠 표현의 아이디어가 남다른 세 개의 동영상이 있습니다. 우리가 가진 '시간'과 '비용'의 제약을 극복하는데 힌트를 얻을 수 있는 좋은 참고 자료이니 함께 살펴보겠습니다.

1. 가식과 포장 없이 이야기 드러내기

첫 번째는 미국 카드(생일 등 특별한 날을 기념하기 위해 글을 적을 때 사용하는 종이)회사인 '아메리칸 그리팅스(American Greetings)'의 광고입니다.

광고 내용

어머니 날(Mother's Day, 5월 두 번째 일요일)을 주제로 흥미로운 실험을 진행합니다. '수행 감독(Director of Operations)' 이라는 존재하지 않는 가짜 일자리를 온라인과 신문에 게재한 후 구직 인터뷰를 실시합니다. 면접관과 구직자들은 일하는 조건에 관해 이야기를 나눕니다. 일반적으로는 생각할 수 없을 정도로 극한 직업으로 묘사되는 수행 감독의 일에 구직자들은 말도 안 된다고 말합니다. 광고 후반부에 '수행 감독'은 '어머니'를 의미한다는 면접관의 말에 모든 구직자는 공감하는 반응을 보입니다.

면접관

일의 대부분의 시간은 서 있어야 합니다. 수 없이 허리를 구부려야 하고, 계속 지칠 수 있고, 고강도의 체력을 필요로 합니다.

구직자1

몇 시간 일하나요?

면접관

일주일 내내 24시간 일합니다.

구직자2

앉아서 쉴 때도 있는 거죠?

면접관

쉬는 시간 없습니다.

구직자3

합법적인 일인가요?

면접관

물론 합법적입니다.

구직자3

점심은 먹을 수 있나요?

면접관

네. 하지만 동료가 먹고 난 후에 먹을 수 있습니다. 훌륭한 협상 기술과 대인관계도 요구합니다. 의학, 경제, 요리와 관련된 학위가 있어야 할지도 모릅니다. 이렇게 여러 가지 업무를 해야 합니다. 휴가는 없습니다. 추수 감사절, 크리스마스, 새해에는 업무량이 더 많아집니다.

구직자4

너무 잔인한 직업이네요.

구직자5

365일을 일한다니 비인간적이네요.

면접관

월급은 없습니다.

구직자5

말도 안 됩니다. 누가 공짜로 일하나요?

면접관

지금 누군가 이런 직업을 갖고 있다면요?
이런 사람 엄청 많습니다.

구직자1

누군데요?

면접관

엄마요.

https://www.youtube.com/watch?v=KAHYyQE7uiw

그림 3-1 **'아메리칸 그리팅스 카드' 광고 캡처**

특별한 기교 없이 탄탄한 이야기의 흐름만으로 시청자를 주목시키는 콘텐츠입니다. 어떤 점에서 '시간'과 '비용'의 제약을 극복하며 시각화했는지 살펴보겠습니다.

가식과 포장 없이 이야기 드러내기	
콘텐츠의 특징	◆ 가짜 직업 인터뷰(Fake Job Interviews)라는 흥미로운 설정 ◆ 질문과 답의 형식으로 지루하지 않게 진행 ◆ 시청자를 점점 끌어들이는 탄탄한 이야기 구성
시간 제약 피하는 방법	◆ 카메라의 움직임 없음. 화상 채팅 화면이 전부 ◆ 최대한 현실성을 살리기 위해 색감 보정 등의 후반 작업하지 않음 ◆ 인물이 서서 동작을 취하지 않기 때문에 액션 실수로 인한 NG 컷을 줄일 수 있음
비용 제약 피하는 방법	◆ CG 등 고도의 기술이나 화려한 테크닉 없음 ◆ 사실적으로 보이기 위해 인위적인 조명을 많이 사용하지 않음 ◆ 세트장을 비용 많이 들여 꾸미지 않음 ◆ 현장 로케이션을 이용하거나 화면에 보이는 사이즈 정도의 배경만 꾸밈 ◆ 인위적인 소품 없이 현장 로케이션 인테리어를 활용한 수준 ◆ 인물의 의상과 헤어, 메이크업이 특별하지 않고 일반적인 수준

그림 3-2 '아메리칸 그리팅스 카드' 광고의 시각화 방법

2. 시청자를 콘텐츠 진행에 투입하기

두 번째는 그리스 '네스카페(커피 브랜드)' 홍보 동영상입니다. 새롭게 바뀐 커피 용기(패키지)를 시청자에게 소개하는 내용입니다.

제품 패키지(Package)[6]는 패키지 모양이 새롭게 바뀌면 소비자가 익숙해지기까지 어느 정도의 시간을 필요로 합니다. 다른 상품으로 오해할 여지도 있어 기

업은 새 패키지를 내놓을 때 신중할 수밖에 없습니다. 네스카페는 기발한 아이디어로 새 패키지에 대한 소비자의 호기심을 증가시켰는데, 방법은 소비자가 스스로 새 패키지를 빨리 보고 싶게 한 것입니다.

광고 내용

네스카페의 페이스북(Facebook) '커버 사진(Cover Photo)[7)]' 에 새 패키지를 숨겼습니다. 말 그대로 실제 숨겼습니다. 어항처럼 투명하게 큰 저장 공간을 만들어 커피콩으로 가득 채우고 그 속에 숨겼습니다. 이를 찍어 페이스북 커버 사진란에 올리고 시청자가 볼 수 있도록 했습니다. 커버 사진이 디스플레이(전시 공간)가 되었고 사람들이 '좋아요' 를 누를수록 커피콩은 점점 사라졌습니다. 실시간으로 커버 사진에 이 과정을 업데이트하였고 22시간 만에 네스카페의 새 패키지는 공개되었습니다.

6) 제품이 액체, 고체, 기체 등 여러 형태가 있어 제품에 따라 포장 방법이 다르기 때문에 광고에서는 제품을 담는 용도로 사용하는 것을 통틀어 패키지라 함.

7) 커버 사진은 페이스북 상단에 위치한 가로가 긴 형태의 이미지를 말함.

커피콩을 채울 큰 어항 같은 저장 공간을 세팅함

커피콩을 부어 저장 공간을 채움

스텝이 커피콩을 붓고 있음

커피콩이 채워 짐

자막 : 네스카페 커버 사진이 디스플레이(전시 공간)가 되었습니다!

네스카페의 페이스북 ‘커버 사진’

자막 : ‘좋아요’를 누를수록 커피콩은 사라집니다!

커피콩이 사라지기 시작

커피콩이 절반 정도 사라짐

커피콩은 거의 사라지고 새로운 패키지가 보임

https://www.youtube.com/watch?v=beHE8UBy-oM

그림 3-3 '네스카페' 광고 캡처

보는 사람을 참여시키는 흥미로운 방법으로 콘텐츠를 제작하였습니다. 구체적으로 어떻게 '시간'과 '비용'의 제약을 극복하며 시각화했는지 살펴보겠습니다.

시청자를 콘텐츠 진행에 투입시키기	
콘텐츠의 특징	◆ 새로운 패키지에 대한 거부감보다 오히려 호기심을 일으키는 흥미로운 아이디어 ◆ 시청자의 자발적 참여가 콘텐츠 진행의 원동력이 됨
시간 제약 피하는 방법	◆ 설정해 놓은 세트를 시간 들여 바꿀 필요 없이 커피콩만 퍼냄 ◆ 후반 작업에서는 특별한 보정 없이 자막만 추가 ◆ 인물 연기가 필요 없기 때문에 여러 번의 테이크를 찍지 않음 ◆ 커피콩이 사라지는 장면부터는 저장 공간 앞에서만 카메라로 녹화 ◆ 클로즈업이나 다른 각도의 숏이 필요하지 않음. 카메라 세팅 바꿀 필요 없음
비용 제약 피하는 방법	◆ CG 등 고도의 기술이나 화려한 테크닉 없음 ◆ 조명은 커피콩이 잘 보이는 수준이면 충분함 ◆ 세트장을 비용을 들여 꾸미지 않음. 날 것 그대로 촬영 ◆ 인위적인 소품 없음 ◆ 인물은 커피콩 붓는 스텝만 등장. 배우가 없어 의상과 헤어, 메이크업 필요 없음

그림 3-4 **'네스카페' 광고의 시각화 방법**

3. 상징적 개념을 활용하여 이미지 구성하기

세 번째는 'IBM 앱 데이터' 광고이고 광고대상은 '앱 개발자'입니다. 광고 콘셉트는 식사할 때 간편하게 사용할 수 있는 여러 종류의 앱을 소개하는 것입니다. 비주얼은 요리 동영상 같은 느낌이 들도록 화면은 하이 앵글(High Angle)로 고정된 상태이고 움직임이 없습니다. 화면 속에서 바뀌는 것은 배경 색깔, 음식 종류, 접시 모양, 사람 손동작, 옷소매 형태와 색, 휴대폰의 화면입니다.

광고 내용

〈내레이션〉
하루에 평균 두 시간 앱을 사용합니다.
세 끼 먹는 시간보다 많습니다.
당신이 만든 앱,
고객이 몇 시간 사용하나요?
고객이 당신 콘텐츠에 집중할 수 있도록
IBM 분석 기술이 도와드립니다.

〈후반부 자막〉
앱은 데이터로 만들어지죠.
IBM과 함께요.

식사하며 게임하기

식사하며 날씨 체크하기

요리하며 칼로리 체크하기

음식 사진 예쁘게 찍기

외식하며 팁 계산하기

음식 정보 찾기

식사하며 메일 체크하기

식사하며 동영상 시청하기

식사 도구 사용 방법 검색하기

https://vimeo.com/93144176

그림 3-5 'IBM 앱 데이터' 광고 캡처

IBM 앱 데이터 광고의 제작자가 되어 최종 결과물이 어떻게 나오게 되었는지 시각화 방법 측면에서 살펴보겠습니다.

설정	
이미지	사람들이 앱을 '많이 사용하는' 장면
'많이 사용한다'의 이중의미 표현	'많은 시간'을 할애한다
	'많은 앱'을 사용한다

그림 3-6 **'IBM 앱 데이터' 광고 설정**

설정 사항을 동영상 속에 내포시키는 일반적인 방법은 '많은 시간'과 '많은 앱'을 따로따로 시각화하는 것입니다.

일반적인 방법	
소재별 따로 시각화	많은 시간: 앱 사용 시간을 숫자가 늘어나는 것으로 자막처리
	많은 앱: 다양한 앱 종류를 나열 ◆ 화면 분할하여 한 화면 안에 여러 앱을 한꺼번에 보여줄 수 있음 ◆ 한 화면에 하나의 앱만 보여주고 숏을 계속 바꿔가며 여러 앱을 등장시킴

그림 3-7 **일반적인 방법**

'많은 시간'과 '많은 앱'을 구분하여 소재 별로 따로 시각화한 장면은 직관적 표현이기 때문에 시청자가 이해하는 데 무리는 없습니다. 하지만 시각화의 특징과 장점을 충분히 사용했다고 보기 어렵습니다. 당연한 시각적 표현이라 시청자는 메시지를 무덤덤하게 받아들일 것이고 전반적으로 감흥 없는 콘텐츠가 될 수 있습니다.

IBM은 이를 극복하기 위해 '많은 시간'과 '많은 앱'을 연결하여 한 화면에 담았습니다. '식사'라는 상황을 만들어 두 가지를 연결한 것입니다.

'IBM 앱 데이터' 광고의 방법	
두 소재 연결하기	'식사' 라는 연결고리 사용
'식사' 상황 나열	많은 시간: 여러 식사 장면을 통해 시간이 계속 누적되고 있음을 보여줌
	많은 앱: 각 식사 상황에 어울리는 다양한 앱을 등장시켜 소개함 ◆ 혼밥(혼자 먹는 밥) 할 때의 게임 ◆ 간단히 스낵을 먹으며 점검하는 날씨 ◆ 요리할 때 보는 레시피와 칼로리 계산기 ◆ 음식을 맛있어 보이게 찍는 카메라 ◆ 식당 팁(봉사료)을 알려주는 계산기 ◆ 음식 정보 검색, 맛집 정보 검색, 배달 앱 ◆ 이메일 확인 ◆ 동영상 시청 ◆ 식사 도구 사용법

그림 3-8 **'IBM 앱 데이터' 광고의 방법**

'식사'로 두 가지 내용('많은 시간'과 '많은 앱')을 묶어 표현했습니다. 상징적 개념을 효과적으로 활용한 시각화 방법입니다.

여기에서 끝나지 않고 시각화 작업을 하면서 두 가지 내용을 더 추가시켰습니다. '다양한 시간'과 '다양한 장소'에서 앱을 사용할 수 있음을 보여준 것입니다.

'IBM 앱 데이터' 광고의 방법 (추가)	
추가 사항	'다양한 시간'을 나타내기 위해 아침, 점심, 저녁 메뉴가 골고루 등장
	'다양한 장소'를 나타내기 위해 그릇, 주변 사물, 옷 소매를 바꿈 ◆ 도시락 ◆ 테이크아웃 포장 용기 ◆ 패스트푸드 접시 ◆ 계산서 ◆ 노트북과 사무용품 ◆ 셔츠 소매 ◆ 슈트 소매 ◆ 점퍼 소매

그림 3-9 'IBM 앱 데이터' 광고의 방법 (추가)

'식사'라는 개념을 활용하여 함축적으로 메시지를 표현하였습니다. 구체적으로 '시간'과 '비용'의 제약을 극복한 시각화 방법은 무엇인지 살펴보겠습니다.

상징적 개념을 활용하여 이미지 구성하기	
콘텐츠의 특징	◆ '식사'라는 개념을 활용하여 메시지를 함축 ◆ '많은 시간', '많은 앱', '다양한 시간', '다양한 장소'를 한 콘텐츠 안에 모두 표현함
시간 제약 피하는 방법	◆ 화면의 움직임을 단순화(하이 앵글 고정) ◆ 따로 시간 들여 카메라 세팅 바꿀 필요 없음 ◆ 카메라 앵글이 고정되어 조명 세팅이 거의 바뀌지 않음 ◆ 배경은 특별한 인테리어나 가구 배치 없이 색만 바꾸면 됨 ◆ 손만 등장하기 때문에 헤어, 메이크업에 시간 소요 안 됨
비용 제약 피하는 방법	◆ 비용 들여 세트장을 꾸미지 않음 ◆ 한 장소에서 촬영 가능하므로 여러 장소 대여 안 해도 됨 ◆ 스텝과 장비 이동도 필요 없어 장소 이동비가 따로 들지 않음 ◆ 여러 배우 필요 없이 옷만 바꿔가며 혼자서 연기 가능 (선물 주는 장면에서는 엑스트라로 한 명의 손만 추가로 등장하면 됨) ◆ 손만 등장하여 헤어, 메이크업 비용 절감됨

그림 3-10 'IBM 앱 데이터' 광고의 시각화 방법

그림 한 장부터 시작하기

동영상 1초에는 보통 30장의 그림이 들어있습니다(필름 촬영본은 24장). 그림 한 장 한 장이 모여 빠르게 움직이며 메시지를 전달합니다. 콘텐츠를 동영상으로 시각화한다는 것은 결국 이 그림 한 장 한 장을 만들어 연결하는 것입니다.

그림에 무엇을 넣을지, 그것을 어디에 위치할지, 무엇을 뺄지, 바꿀지 등을 고민하여 세심하게 그림을 만들어야 합니다. 대상을 그냥 카메라로 녹화하면 되지 않냐는 생각이 들 수 있겠지만, 이는 이미지가 가진 많은 장점을 아깝게 포기하는 겁니다.

무리하게 시작하기보다 우선 그림 한 장부터 만드는 것을 권유합니다. 공들여 만든 한 장이 차례로 모이면 후에 완성도 높은 동영상이라는 결과물이 될 것입니다.

'그림 한 장 만들기' 설명을 위해 지면 광고를 예로 들겠습니다. 지면 광고는 그림 한 장에 메시지를 함축적으로 담기 위해 기발한 아이디어를 사용하고 최대한 이해하기 쉽게 표현합니다. 그림 안에 사용할 수 있는 시각 요소의 제한

없이 글, 사물, 인물, 일러스트, 사진 등 자유롭게 소재로 활용합니다. '그림 한 장 만들기' 공부에 훌륭한 학습 도구이기 때문에 지면 광고를 소개하면서 그 제작 과정과 특징을 살펴보도록 하겠습니다.

1. 콘텐츠를 한 번 더 보게 만들기

세탁 세제 '타이드(Tide)'의 부분 얼룩을 지우는 펜 타입의 제품 광고입니다. 체크 표시한 16개의 박스가 있고 박스 오른쪽에 작은 글씨가 있습니다.

그림 3-11 **세탁 세제 '타이드' 광고**

☑ 포도 젤리	☑ 스테이크 소스	☑ 요거트	☑ 토마토 주스
☑ 마리나라 소스	☑ 오리 소스	☑ 초콜릿 음료	☑ 와인
☑ 머스터드	☑ 크랜베리 주스	☑ 바비큐 소스	☑ 커피
☑ 딸기잼	☑ 케첩	☑ 포도 주스	☑ 살사

그림 3-12 **세탁 세제 '타이드' 광고 (번역)**

한눈에 어떤 의미인지 알 수 없지만 글씨를 보면 완전하게 이해할 수 있습니다. 체크 박스로 보였던 여러 가지 색의 네모 모양은 옷에 묻은 음식과 소스 얼룩이었습니다. 제품을 지우개 펜처럼 사용하여 얼룩을 없앤 것입니다. 박스에 체크 표시한 것 같지만 사실은 원래의 바탕색을 보여준 것이고 그만큼 완벽하게 얼룩을 지울 수 있음을 나타내고 있습니다.

콘텐츠를 한 번 더 보게 만드는 제작 방법의 구체적 순서를 정리합니다.

제작 방법	
순서	내용
1	비주얼 요소로 시선 끌기
2	비주얼만으로는 의미 파악 부족하게 하기
3	한 번 더 보게 하기
4	글씨로 나머지 의미 보충하기

그림 3-13 **콘텐츠를 한 번 더 보게 만드는 방법**

2. 비상식적으로 접근하기

환경 자선 단체 '캐나다 지구의 날(Earth Day Canada)'의 쓰레기 무단투기 방지 광고입니다.

광고 내용

〈이미지〉

길 위에 쓰레기가 버려져 있습니다.

첫 번째 광고 쓰레기: 초콜릿 포장지

두 번째 광고 쓰레기: 햄버거 포장지

세 번째 광고 쓰레기: 음료 캔

유명 브랜드가 연상되는 패키지에 로고 형태로 사람 이름이 적혀 있습니다.

첫 번째 광고: 킴 리(Kim Lee)

두 번째 광고: 브라이언 케인(BRIAN KANE)

세 번째 광고: 데이비드 파이퍼(david PIPER)

〈광고 카피〉

'사람들이 당신이 버린 걸 알면 또 버릴 수 있겠어요?

(Would you still litter if everyone knew it were you?)'

그림 3-14 '캐나다 지구의 날' 광고 (첫 번째)

그림 3-15 '캐나다 지구의 날' 광고 (두 번째)

그림 3-16 **'캐나다 지구의 날' 광고 (세 번째)**

쓰레기 무단 투기는 몰래 버리는 행위로 버려 놓고도 안 버린 척하는 것입니다. 광고는 이러한 무단 투기의 성격을 반대로 표현했습니다. '몰래 버리는 것'을 '공개적으로 버리는 행위'로 바꿔 쓰레기에 이름표를 붙인 것입니다. 자신의 이름이 적히면 쓰레기를 함부로 버릴 수 없다는 아이디어입니다.

만약 '쓰레기 버리지 마세요!'라고 직접적인 표현으로 접근했다면 지금처럼 메시지의 힘이 크지 않았을 겁니다. 콘텐츠를 접하는 사람이 스스로 (무단 투기하지 않게) 움직이게끔 만든 기발한 아이디어입니다.

제작 방법	
순서	내용
1	‘상식적 개념’을 전제조건으로 활용하기
	상식적 개념: 쓰레기 무단 투기는 몰래 버리는 비공개적 행위
2	‘상식적 개념’을 반대되는 ‘비상식적 개념’으로 바꾸기
	비상식적 개념: 쓰레기 무단 투기는 떳떳하게 버리는 공개적 행위
3	개념을 시각화하기: 쓰레기에 이름 적기
4	메시지 강화하기: 보는 사람이 자각하여 스스로 실천하게 하기

그림 3-17 **비상식적으로 접근하는 방법**

3. 이야기를 단계적으로 풀기

영국 다목적 세제 ‘시프(Cif)’의 시리즈 광고입니다. 수도꼭지, 가스레인지 등의 얼룩, 찌든 때를 닦아주는 제품을 소개하는 광고입니다. 한 장의 이미지 속에서 이야기를 단계적으로 풀어 메시지를 흥미롭게 전합니다.

단계적 이야기 표현		
순서	내용	특징
1	우리 제품을 사용하면	원인
2	아주 깨끗해집니다	결과
3	반짝반짝 광이 날 정도로요	장점
4	마치 거울 같아서 당신의 얼굴도 비치네요	비유
5	닦고 있는 당신도 웃게 만들죠	느낌
6	"안녕? 아름다운 당신! (Hello beautiful)"	강조 (광고 카피)

그림 3-18 **다목적 세제 '시프' 광고의 단계적 이야기 표현**

그림 3-19 **다목적 세제 '시프' 광고 (첫 번째)**

그림 3-20 **다목적 세제 '시프' 광고 (두 번째)**

그림 3-21 **다목적 세제 '시프' 광고 (세 번째)**

그림 3-22 다목적 세제 '시프' 광고 (네 번째)

비주얼로는 웃는 얼굴이 핵심입니다. 시선을 얼굴에 집중시키기 위해 주변 사물(수도꼭지, 가스레인지, 문, 변기)을 클로즈업했습니다. 사물이 확대되면 어떤 사물인지 잘 모를 수 있기 때문에 각 사물의 특징적인 부분(수도꼭지 손잡이, 가스레인지의 중심 부분과 버튼, 문의 중심 부분, 변기 버튼)을 살려 화면 각을 잡았습니다.

이미지 구성 요소(그림, 카피 문구, 로고)의 위치 선택도 감각적입니다. 중심 비주얼인 웃는 얼굴을 가운데 두고 마지막으로 전달하고 싶은 내용인 카피 문구와 로고를 오른쪽 하단에 위치했습니다. 이는 단계적으로 이야기가 흘러가듯 시선도 내용에 맞게 자연스럽게 위에서 아래로 이동할 수 있도록 배치한 것입니다. 한 장 안에 많은 것을 담을 수 있음을 배우는 좋은 사례입니다.

제작 방법	
순서	내용
1	원인과 결과는 묶어서 한 번에 전달하기
	"우리 제품을 사용하면(원인) 아주 깨끗해집니다(결과)"
2	장점을 드러낼 땐 비유적 표현을 활용하기
	"반짝반짝 광이 날 정도로요(장점) 마치 거울 같아서 당신의 얼굴도 비치네요(비유)"
3	보는 사람의 느낌도 함께 녹여 표현하기
	"닦고 있는 당신도 웃게 만들죠(느낌)"
4	내용 전체를 한 번 더 강조하는 메시지 넣기
	"안녕? 아름다운 당신!! (Hello beautiful) (강조)"

그림 3-23 **이야기를 단계적으로 풀어가는 방법**

4. 기존 사물 이용하기

미국 주유소 브랜드 '76'의 옥외 광고를 촬영한 이미지입니다. 그림이 들어있는 커다란 옥외 광고판이 있어야 할 자리에 그림 없이 카피 문구만 적힌 조그만 바 형태의 판만 있습니다. 독특한 형태의 옥외 광고입니다. '왜 이렇게 만들었을까'라는 생각을 하며 자세히 보고 있으니 저 멀리 아름다운 경치(산)가 드러납니다.

광고 내용

〈광고 카피〉

'경치를 즐기세요. 저희 76이 광고판을 없앴습니다.
저희는 운전자 앞쪽이 아닌 옆쪽에만 있겠습니다.
(Enjoy the view. Billboard removed by 76. We're on the driver's side.).'

〈아이콘〉

카피 문구 오른쪽에 왼쪽 방향을 표시하는 '화살표'와 '주유기 모양'의 그림이 있음

그림 3-24 **주유소 브랜드 '76'의 옥외 광고**

'운전자 옆쪽에만 있겠다'는 '운전자 편에 서겠다'는 뜻이기도 하지만 주유기 아이콘이 나타내듯이 말 그대로 '주유소가 길옆에 있다'는 이중 의미도 갖습니다. 옆에 있기 때문에 광고판에서조차 운전자 앞에 있지 않겠다는 뜻입니다. 언어와 시각 요소를 똑똑하게 조합한 아이디어가 돋보이는 예시입니다.

구체적인 제작 방법의 순서를 알아보겠습니다.

제작 방법	
순서	내용
1	보여줄 주체의 '특징' 파악하기
	특징: 76 주유소는 운전자의 앞을 가리지 않음
2	특징을 살려줄 '주변 사물' 찾기
	주변 사물: 경치(산)
3	필요에 따라 (주변 사물을 드러내기 위해) '기존 표현법 바꾸기'
	기존 표현법 바꾸기: 옥외광고판에서 이미지판 부분 떼어 내기
4	주변 사물을 포함한 '하나의 이미지' 완성하기
	하나의 이미지: 경치(산)를 옥외광고판의 이미지로 사용하여 하나의 광고판으로 완성

그림 3-25 **기존 사물을 이용하는 방법**

5. 이야기를 상상하게 만들기

이스라엘 제과점 '롤라딘(ROLADIN)'의 시리즈 광고입니다. 일반 광고와 다른 독특한 점은 카피 문구가 없다는 것입니다. 카피 문구를 넣지 않는 이유는 비주얼 속에 모든 내용을 담겠다는 뜻이기도 합니다.

광고 내용

제품(도넛)과 인물의 비주얼을 세트로 맞췄습니다.

- ◆ 머리 장식
- ◆ 분장
- ◆ 의상

먹는 즐거움과 보는 즐거움을 함께 어필합니다.
하나의 이미지는 마치 미술 작품 같아서 보는 사람에게 고급스러운 느낌이 들게 합니다.

그림 3-26 제과점 '롤라딘' 광고 (첫 번째)

그림 3-27 제과점 '롤라딘' 광고 (두 번째)

그림 3-28 **제과점 '롤라딘' 광고 (세 번째)**

그림 3-29 제과점 '롤라딘' 광고 (네 번째)

그림 3-30 제과점 '롤라딘' 광고 (다섯 번째)

그림 3-31 제과점 '롤라딘' 광고 (여섯 번째)

인물과 제품의 비주얼을 맞춘 이유는 인물을 통해 전달하고 싶은 메시지와 느낌을 제품에서도 동일하게 전달하기 위해서입니다. 직접적인 카피 문구 없이 비주얼만으로 완성된 고품질 이미지는 보는 사람에게 스스로 더 많은 이야기를 상상할 수 있게 하는 장점이 있습니다.

이미지만으로 이야기를 상상하게 만드는 제작 방법을 알아보겠습니다.

제작 방법	
순서	내용
1	보여줄 주체의 '특징' 파악하기
2	특징을 살려줄 '이미지 구성 요소' 준비하기 ㉎ 인물, 제품(도넛)
3	언어와 같은 직접적인 메시지 전달 방법 피하기
4	비주얼만으로 메시지를 충분히 전달할 수 있을 만큼 이미지 완성도 높이기

그림 3-32 **이야기를 상상하게 만드는 방법**

팁을 활용하여 플픽과 섬네일 제작하기

동영상 만들기에 앞서 준비해야 할 것이 있습니다. 플픽이라고 부르는 프로필 픽처(Profile Picture)와 섬네일(Thumbnail)입니다.

초보 제작자가 겪기 쉬운 '실수'를 피하는 것에 초점을 두며 두('플픽'과 '섬네일')제작 방법을 설명하겠습니다.

1. 플픽 제작의 예

플픽은 방송 채널을 대표하는 이미지로 크리에이터의 이름(별명)과 함께 사용됩니다. 한눈에 파악할 수 있도록 심플 해야 하고 방송 유형이나 내용을 짐작할 수 있어야 합니다.

수업 중 전예린 학생이 만든 '아주 맛있는(Yummy)'이란 뜻을 가진 요리 방송용 플픽을 소개합니다.

그림 3-33 **글씨를 변형한 플픽**[8)]

제작 과정

1. 글자 Yummy를 콘텐츠에 맞게 변형했습니다.
2. 맨 앞 'Y'에 눈과 혀 모양을 추가하여 사람이 맛있게 먹고 있는 모습을 만듭니다.
3. 맨 뒤 'Y'는 윗부분에 가운데 획을 추가하고 전체 길이를 늘여 포크로 변신시킵니다.

장점

- ◆ 방송 성격을 고려하여 적합한 단어를 선택했습니다.
- ◆ 플픽만 봐도 요리 관련 콘텐츠임을 알 수 있습니다.
- ◆ 멀리서 봐도 인식 가능합니다.
- ◆ 깔끔하면서도 전체적으로 조화로운 디자인입니다.

8) 성공회대학교 전예린 학생 작. 학생의 사전 동의하에 참고 자료로 활용.

플픽으로 사용해도 좋을 만큼 상징적 이미지를 심플하게 표현한 예로는 '픽토그램'이 있습니다. '1996 애틀랜타 올림픽' 픽토그램을 보면 각 운동의 특징을 살려 동작을 단순화했고 추가 설명 없이 그림만 봐도 내용을 이해할 수 있게 만들었습니다.

그림 3-34 '1996 애틀랜타 올림픽' 픽토그램

2. 피해야 할 플픽 유형

플픽 제작 시 피해야 할 유형의 예입니다.

그림 3-35 **피해야 할 플픽 유형**

피해야 할 이유

- 인물이 뒤돌아 있어 표정을 알 수 없습니다.
- 행동도 없기 때문에 인물이 콘텐츠에서 무슨 역할을 하는지 모르겠습니다.
- 주변 사물, 식물, 동물 등 시각 요소가 많아 시선이 분산됩니다.
- 그림에서 어떤 부분이 핵심인지 알기 어렵습니다.
- 온라인에서 플픽 사이즈가 대체로 작게 보이는 것을 고려하지 않았습니다.

제작자에게 의미 있는 사진일지라도 플픽으로는 어울리지 않는 경우가 있으니 유의하길 바랍니다.

3. 플픽 제작 시 유의 사항

플픽 제작 도구입니다. 플픽은 정사각형이고, 작게 만들면 출력 화면 상황에 따라 깨질 수도 있으니 어느 정도 크기가 있는 상태로 만듭니다. 가로, 세로 800픽셀이면 무리 없이 사용할 수 있습니다.

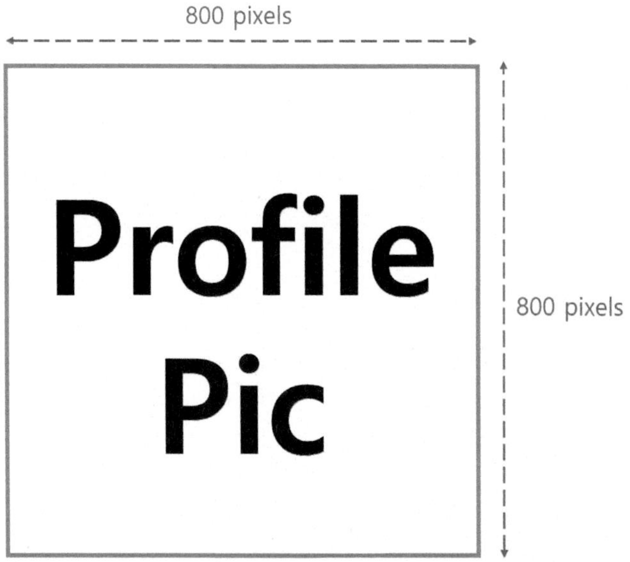

그림 3-36 **플픽 제작 도구**

플픽 제작 시 유의해야 할 점을 말씀드립니다. 플픽을 이해하기 쉽게 기업이나 브랜드의 로고와 비슷하다고 생각해보겠습니다. 로고라 불리는 기업의 CI(Corporate Identity), 브랜드의 BI(Brand Identity)는 각각의 정체성을 나타내는 상징적 이미지입니다.

이미지만 봐도 '아, 그거!'가 되어야 하는 게 플픽입니다. 보는 순간 무엇을 상징하는지 알 수 있어야 합니다. 초보 제작자는 1인 방송용 플픽으로 개인 SNS나 메신저에서 사용했던 것을 그대로 가져오기도 합니다. SNS나 메신저용 플픽은 본인을 대표하는 것이지 방송 콘텐츠를 대변해주지 않습니다. 개인 방송 콘텐츠의 플픽은 콘텐츠를 상징해야 합니다.

유의 사항

- 콘텐츠를 상징할 수 있어야 합니다.
- 비주얼 요소에 제약이 없습니다. 사진, 그림, 글 모두 사용 가능합니다.
- 글씨 형태를 변형하여 이미지화할 수 있습니다. (그림 3-33 참고)
- 멀리서 봐도 인식 가능해야 합니다. (플픽은 작게 보이기 때문에)
- 한 이미지에 들어가는 시각 요소를 복잡하지 않게 최소화해야 합니다.
- 이미지 속 시각 요소의 크기는 키워야 합니다. (주어진 플픽 크기를 최대한 활용)
- 콘텐츠와 섬네일의 톤(분위기)과 비슷한 톤으로 유지해야 합니다.

4. 섬네일 제작의 예

동영상 섬네일은 콘텐츠를 대표하는 정지된(Still) 이미지입니다. 그림과 글을 포함한 '하나의 이미지'로 콘텐츠 내용을 함축하여 '미리 보기'의 기능을 합니다.

수업 중 한수진 학생이 만든 '전자책 추천 방송' 섬네일을 소개합니다.

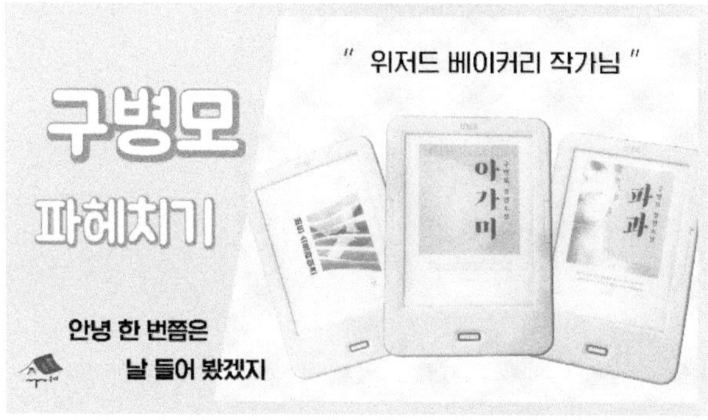

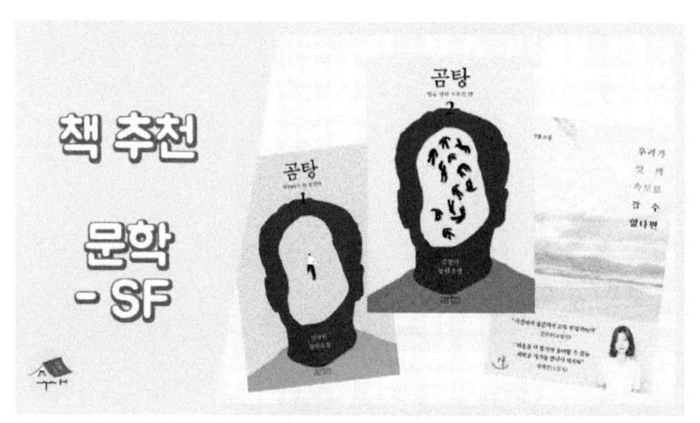

책 추천
문학
- 로맨스
첫사랑
내게 무해한 사람

책 추천
문학
- 디스토피아
해가
지는
곳으로

책 추천
문학
- 시집
서랍에 저녁을
넣어 두었다
너를
모르는
너에게
슬픔이 없는
십오 초

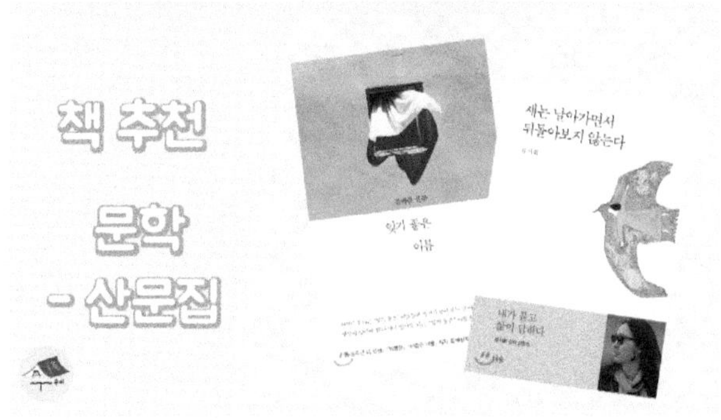
책 추천
문학
- 산문집
새는 날아가면서
뒤돌아보지 않는다
내가 좋고
싫어 한다

그림 3-37 **'수수네 전자책장' 섬네일**[9]

9) 성공회대학교 한수진 학생 작. 학생의 사전 동의하에 참고 자료로 활용.

장점

- ◆ 일정한 색감과 형식을 유지하여 모두 하나의 방송 콘텐츠임을 쉽게 알 수 있습니다.
- ◆ 파스텔 색감은 안락한 느낌을 주어 '책 추천' 콘셉트와도 잘 어울립니다.
- ◆ 글자는 왼쪽에 그림은 오른쪽에 통일한 점은 톤 유지에 효과적입니다.
- ◆ 필요한 글자만 사용하여 글자 수를 최소화했습니다.
- ◆ 회차별 주요 시각 요소를 잘 강조하여 어떤 내용의 방송인지 짐작할 수 있습니다.

섬네일로 사용해도 좋을 만큼 구성요소를 잘 갖춘 지면 광고를 소개합니다. 미국의 탄산 생균제 음료(Sparkling Probiotic Drink) '케비타(KEVITA)'의 시리즈 광고입니다.

광고 내용

〈이미지〉

운동 중 한순간의 장면

- ◆ 서핑하는 남자
- ◆ 롤러스케이트 타는 여자
- ◆ 요가 하는 남자

〈카피 문구〉

'당신처럼 살아있는 케비타(ALIVE LIKE YOU KEVITA)'

그림 3-38 음료 '케비타' 광고 (첫 번째)

그림 3-39 음료 '케비타' 광고 (두 번째)

그림 3-40 음료 '케비타' 광고 (세 번째)

장점

- ◆ 활력 넘치는 느낌을 전하는 좋은 이미지 선택입니다.
- ◆ 한 콘텐츠의 시리즈임을 알 수 있게 이미지는 일정한 톤을 유지하고 있습니다.
- ◆ 배경보다 인물을 강조하여 주목도를 높였습니다.
- ◆ 글자는 눈에 잘 들어오는 적당한 크기로 인물을 가리지 않게 적절한 곳에 배치했습니다.
- ◆ 전반적으로 햇살을 강조한 이미지 색감은 콘텐츠에 생동감을 더합니다.

5. 섬네일 제작 시 유의 사항

섬네일 제작 도구입니다. 보통 많이 사용하는 섬네일 크기는 16:9 비율인 가로 1280, 세로 720 픽셀입니다. 연습하는 데는 관계없지만 실제 사용 목적으로 만들 때는 방송 매체마다 크기가 다를 수 있기 때문에 규정사항을 확인하기 바랍니다.

그림 3-41 **섬네일 제작 도구**

유의 사항

◆ 시청자가 섬네일을 보고 '어떤 콘텐츠일까' 궁금하게 만듭니다.
(섬네일 '미리 보기'에서 콘텐츠 '시청'으로 이어질 수 있도록)
◆ 콘텐츠를 알리는 목적이 있어야 합니다.
◆ 문구는 빠르게 이해되어야 합니다.
◆ 문구 작성 시 글자 수를 최대한 줄여 표현합니다.
(같은 의미의 문장이라도 최대한 줄일 수 있을 만큼 줄여서 표현)
◆ 주요 글자는 크게 합니다. (한 문구 속에서도 주요 단어는 크게)
◆ 멀리서 봐도 인식 가능해야 합니다.
(모바일에서는 섬네일 크기가 줄어들기 때문에)
◆ 시각 요소를 복잡하지 않게 최소화합니다.
◆ 배경보다 주요 시각 요소를 눈에 잘 들어오게 강조합니다.
◆ 주요 시각 요소의 크기는 키웁니다. (주어진 섬네일 크기를 최대한 활용)
◆ 너무 다양한 색을 사용하지 않도록 합니다.
(시선이 분산되면 오히려 주목도가 낮아짐)
◆ 회차별 모든 섬네일은 일정한 톤(분위기)을 유지해야 합니다.
(섬네일이 통일감이 있어야 모두 같은 방송임을 인지할 수 있음)

1. 크리에이티브 집단, 광고 제작 전문가의 명칭과 역할

ECD (Executive Creative Director) / 이씨디(영어 약자로 읽음)	제작 총괄 최고 책임자 (광고대행사 임원)
CD (Creative Director) / 씨디(영어 약자로 읽음)	제작 총괄 담당자 (광고대행사 국장) 제작팀의 팀장 역할 (제작팀은 팀장인 CD와 팀원인 카피라이터, 아트 디렉터, 프로듀서로 구성됨)
Copywriter / 카피라이터	광고 카피(문구) 작성
Art Director / 아트 디렉터	디자인 업무 담당
Producer / 프로듀서	동영상 제작 업무 담당
AE (Account Executive) / 에이이(영어 약자로 읽음)	광고주(광고를 의뢰한 기업)와 직접 의사소통하며 광고 기획 전반 업무를 담당

2. 광고 크리에이터의 훈련 방법

1. 매일 새로운 세계 광고(동영상, 지면 등)를 체크합니다. (5편 이상)
2. 이미지와 동영상을 다루는 사이트 구경이 취미입니다.
   예 핀터레스트(pinterest), 유튜브(YouTube), 비메오(vimeo) 등
3. 유머 사이트를 두루 섭렵합니다.
4. 즐겨보는 웹툰이 있습니다.
5. 여러 가지 뉴스 채널을 살펴봅니다.
6. 유행하는 언어에 관심이 많습니다.
7. 여러 세대(아이부터 노인까지)의 생활 패턴을 탐구합니다.
8. 세계적으로 새로운 이슈를 찾아봅니다.
9. 다양한 분야의 유명인에 관심을 둡니다.
10. 음악, 미술, 체육, 글쓰기 등 창작 활동에 흥미가 많습니다.

4부

콘텐츠 지속화 전략

동영상 기본 구조 세팅하기

최종적으로 동영상을 만들 차례입니다. 처음부터 긴 분량은 양적으로 버거우니 욕심내지 않고 가볍게 5-10분의 첫 방송, 1회를 만들 것입니다. 방송은 한 편의 작품으로 끝나지 않고 지속성을 갖는 콘텐츠입니다. 초반 몇 회까지는 새로움이 주는 힘으로 버틸 수 있지만 탄탄한 구성력이 없으면 이어가기 어렵습니다. 콘텐츠 구성의 힘은 어떻게 키우는지 살펴보겠습니다.

1. 동영상 속 이야기 갈등 구조

'이야기 갈등 구조'는 시나리오(혹은 스크립트(script)) 쓰기 수업 초반에 공부하는 내용입니다. '시나리오는 영화에서 사용하는 글 아닌가?', '왜 1인 방송 콘텐츠에서 설명하지?'하는 의문이 드실 겁니다. 영화나 방송 둘 다 최종 출력물은 동영상이라는 목적을 갖습니다. 시나리오는 동영상을 위한 글이라 생각하면 왜 공부해야 하는지 이해할 수 있습니다.

글이라 하면 책을 먼저 떠올릴 수 있는데 시나리오는 책과 다릅니다. 책은 최종 출력물이 글이지만 시나리오는 동영상입니다. 이미지와 사운드를 조합한 동영상 매체 특성을 고려한 글쓰기 방법을 알아야 합니다. 읽는 이야기가 아닌 보고 듣게 될 이야기입니다. 그 구조와 호흡을 알고 방법이 익숙해지면 시각적 표현도 점점 능숙해질 것입니다.

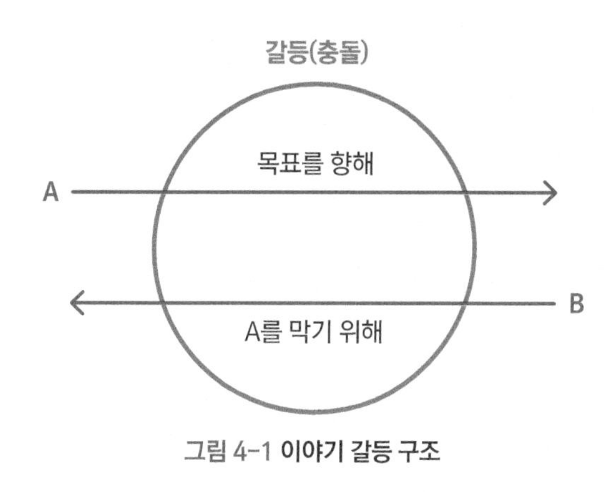

그림 4-1 이야기 갈등 구조

이야기에서 빠질 수 없는 기본 구조 중 하나는 '갈등 구조'입니다.

자신의 목표를 향해 가려는 주인공 A와 이를 막는 방해자 B가 있습니다. 착하고 멋진 슈퍼히어로인 A가 가려는 길을 못된 악당 B가 방해하는 영화 내용이 떠오르실 겁니다.

어떤 스토리는 주인공을 방해하는 악당이 등장하지 않기도 하지만 그럴 때도 갈등 구조는 성립합니다. 방해 요소는 꼭 인물만이 아닙니다. 주인공 주변의 힘든 상황, 내면의 고충, 갑자기 겪게 되는 불운의 사고 등 A의 행진을 방해하는 모든 것은 방해자 B가 됩니다. 주인공인 운동선수 A의 이야기에서 방해자 B는 라이벌 선수일 수도 있지만 갑자기 당한 부상, 집안 사정의 악화, 슬럼프 등도 방해자 B가 되어 갈등 구조를 만듭니다.

방해 요소 B의 예

1. 인물
   - ◆ 악당
   - ◆ 라이벌

2. 사건/상황
   - ◆ 주인공 주변의 힘든 상황
   - ◆ 내면의 고충
   - ◆ 갑자기 겪게 되는 불운의 사고
   - ◆ 집안 사정의 악화
   - ◆ 슬럼프

본인 콘텐츠가 재미없다고 걱정하는 학생이 종종 있습니다. 대부분 갈등 구조가 없는 경우가 많습니다. 때론 본인은 재미있는데 다른 사람은 재미없다고 고민하는 학생도 있습니다. 자신의 실화를 바탕으로 한 경우가 대부분인데, 살펴보면 갈등 구조가 빠져있었습니다. 본인 경험이기 때문에 당연하게 생각한 것들이라 갈등 구조를 중요한 요소로 보지 않았고 결국 이야기에 핵심 없이 진부한 내용만 나열하여 보는 사람의 흥미가 떨어진 것입니다.

2. 동영상의 이야기 전개 과정

글로 표현되는 이야기는 '기승전결'의 네 단계로 전개되지만, 시나리오는 '액트1(ACT1), 액트2(ACT2), 액트3(ACT3)'의 세 단계로 진행됩니다.

ACT 1	ACT 2	ACT 3
Ordinary World 일상 세계	Extraordinary World 기이한 세계	Ordinary World 일상 세계
1/4	2/4 1/2	1/4

그림 4-2 이야기 전개 과정

각 액트는 대략 분량이 정해집니다. 2시간(120분) 장편 영화 기준으로 '액트1'은 30분(4분의 1), '액트2'는 60분(4분의 2, 2분의 1), '액트3'은 30분(4분의 1)이라고 생각하면 됩니다. 대략적인 기준입니다. 이야기에 따라 시간이 앞뒤로 추가 또는 감소합니다.

ACT 1	ACT 2	ACT 3
30분	60분	30분

그림 4-3 장편 영화 2시간(120분) 기준의 분량

1인 방송은 보통 5-20분 길이로 진행되는데 계산하기 편하게 총 8분 길이의 방송을 만든다고 생각하면 '액트1'은 2분, '액트2'는 4분, '액트3'은 2분으로 구성됩니다.

ACT 1	ACT 2	ACT 3
2분	4분	2분

그림 4-4 1인 방송 8분 기준의 분량

'액트1'의 일상 세계(Ordinary World), '액트2'의 기이한 세계(Extraordinary World), '액트3'의 일상 세계(Ordinary World)는 주인공이 겪는 세상(환경)을 의미합니다. 이해를 돕기 위해 운동선수 이야기 한 편을 만들겠습니다.

이야기 만들기

◆ 주인공: 운동선수

◆ 키워드: 괴롭힘, 특별한 계기, 실력 향상, 훈련, 시련, 사고, 최강자

〈스토리〉

◆ 액트1

주인공A는 '일상 세계(Ordinary World)'에 있습니다. A가 다른 운동선수 B에게 괴롭힘을 당합니다. 안타깝게도 실력은 A보다 B가 훨씬 좋습니다. 그러던 어느 날 특별한 계기(좋은 스승을 만나거나, 강한 힘을 얻거나 등)로 A의 실력이 좋아지기 시작합니다.

◆ 액트2

A는 더 이상 일상이 아닌 '기이한 세계(Extraordinary World)'에 있습니다. 점점 강해집니다. 훈련을 하고, 시련을 겪고, 또 훈련을 하고, 시련을 겪고, 운동 이외의 아픔도 겪고, 뜻밖의 사고도 당하는 등 모든 고난을 견뎌내고 강하게 성장합니다.

◆ 액트3
이렇게 바뀐 A는 '일상 세계(Ordinary World)'로 다시 돌아옵니다. 하지만 '액트1'의 '일상 세계'와는 다른 곳입니다. '액트2'의 '기이한 세계'의 모습을 포함한 상태가 일상이 되었습니다. A는 B와 상대가 안 되는 그 분야의 최강자가 되었습니다.

1인 방송으로 만들 수 있는 콘텐츠의 종류로는 브이로그, 튜토리얼, 노래 커버, 다큐, 리뷰, 소개 등 다양합니다. 또 다른 새로운 형태도 계속 발생할 것입니다. 어떤 형태가 되던, 간단하게 생각하길 바랍니다. 최종 출력물은 동영상입니다. 이미지와 사운드로 표현되는 이야기의 갈등 구조를 알면 콘텐츠를 지속시키는 힘을 키울 수 있습니다.

이야기 한 편을 더 만들어 보겠습니다. 2부에서 예로 들었던 주인공 '나'의 '채식 요리' 1회차 방송입니다.

설정 (채식 요리 1회차 방송)

A.

◆ 주인공: 나

◆ 주인공의 목표: 다양한 채식 레시피 소개

B.

◆ 방해 요소1: 채식은 맛이 없다는 편견

◆ 방해 요소2: 채식 재료는 신선도 유지 기간이 짧아 자주 구매해야 하는 번거로움이 생김

◆ 방해 요소3: 메뉴가 다양하지 않을 것 같다는 주변의 걱정

◆ 방해 요소4: 조미료까지도 전부 채식. 시중 구매가 어려운 경우 자체 제작해야 함

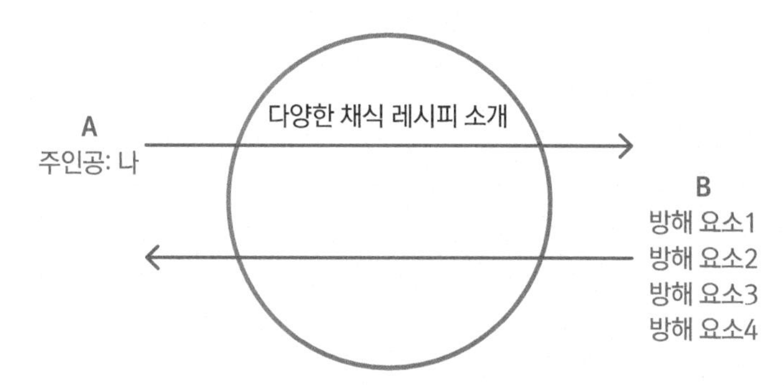

그림 4-5 **'채식 요리 1회차 방송'의 이야기 갈등 구조 설정**

방해 요소는 '매회'마다 방해 요소1부터 방해 요소4까지 (네 가지)모두 발생할 수 있고, '한 회'당 방해 요소 하나씩 부각될 수도 있습니다.

이야기 만들기 (채식 요리 1회차 방송)

◆ 주인공: 나

◆ 키워드: 요리, 레시피, 실패, 성숙, 기대감

〈스토리〉

◆ 액트1

요리 준비 및 오늘의 레시피를 간단하게 설명합니다.

◆ 액트2

단순히 요리 과정만 보여주지 않습니다. 방해 요소1에서 방해 요소4까지 극복해 갑니다. 요리 방법의 설명만으로 끝나는 것보다 방해 요소가 있으니 이야기가 훨씬 풍요로워집니다. 도중에 실패할 수도 있고, 여러번 시도 끝에 해결할 수도 있고, 오히려 문젯거리가 아님을 밝힐 수도 있는 등 다양한 이야기가 펼쳐집니다.

◆ 액트3

문제들을 해결하고 요리도 완성하며 한층 더 성숙한 실력을 보여줍니다. 앞으로 제작자가 어떻게 또 다른 방해 요소들을 극복하며 성장해갈지 기대를 하게 합니다.

카드뉴스로 콘티 만들기

1. 카드뉴스 활용 방법

콘티는 콘티뉴이티(Continuity)에서 시작된 단어로 동영상을 촬영하기 전 시나리오를 이미지로 표현한 것을 말합니다. 필요한 장면들과 세부사항(내레이션, 화면 사이즈 등)이 적혀있습니다. 콘티는 최종 비주얼이 어떻게 표현될지 짐작할 수 있게 해줍니다.

콘티와 혼용해서 쓰이는 단어로는 '스토리보드(Storyboard)'가 있습니다. 한국 현장에서는 둘을 구분 없이 사용하지만 영어권에서는 콘티라는 단어보다 '스토리보드'를 사용합니다. 한국에서도 콘티는 현장용, 스토리보드는 발표용이라 구분하는 경우도 있지만 대체로 혼용하여 사용합니다.

그림4-6 콘텐츠의 시각화 단계

초보자 중에 글로 작성했을 때는 흐름이 어색하지 않은데 비주얼로 옮기면 내용을 이해하기 어려운 경우가 있습니다. 적합한 이미지를 고르는 연습이 덜 되어 있기 때문인데, 방법을 알고 여러 번 실습하면 실력이 향상될 수 있습니다.

시각화에 익숙하지 않은 초보자가 처음부터 콘티를 자세하게 구성하기는 어렵습니다. 30초 광고를 찍을때 보통 25-35개의 장면으로 콘티를 만듭니다. 광고는 컷이 빠르게 지나가는 특징이 있어 장면의 개수가 방송에서보다는 많은 편입니다.

방송에서는 컷 없이 길게 진행되는 '롱 테이크(Long Take)' 장면이 사용될 수 있고, 광고처럼 이미지보다 이야기 진행 위주로 제작되다 보니 정적인 순간도 많습니다. 같은 분량이라 했을 때 방송이 상대적으로 광고보다 적은 양의 장면을 사용한다 해도 초보자가 5-20분(300초-1200초)의 콘티를 혼자서 구성하는 것은 어려운 일입니다.

수업 중 학생들이 '콘티 만들기'에 어려움을 겪는 것을 보면서 '쉽게 접근하는 방법이 무엇이 있을까?' 고민해왔습니다. 여러 시행착오를 겪으며 최종적으로 개발한 것은 '카드뉴스'를 통한 콘티 만들기입니다. 카드뉴스가 콘티 만들기에 왜 필요한지 좀더 이해하기 쉽게 예를 든다면 찰흙 인형 만들기를 생각하면 됩니다. 튼튼하게 만들기 위해 철사로 뼈대를 만든 후 찰흙을 붙여갑니다. 콘티도 마찬가지로 '카드뉴스'방법으로 뼈대인 키(Key, 주요)비주얼을 만들고 세부 비주얼을 붙여가는 것입니다.

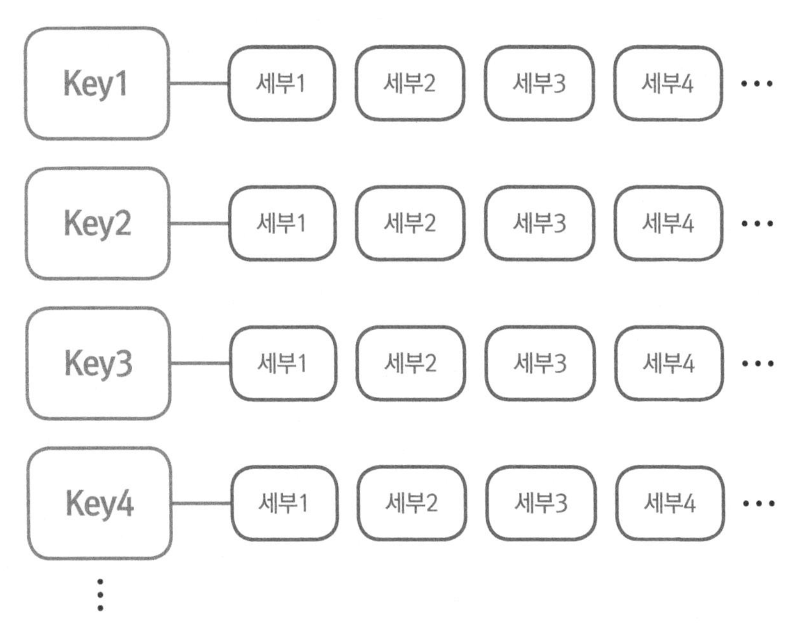

그림4-7 키(Key, 주요) 비주얼과 세부 비주얼

카드뉴스는 정보를 쉽게 전달하기 위해 이미지와 글을 사용하여 하나의 카드 모양으로 내용을 담습니다. 복잡하고 긴 설명보다는 대표할 수 있는 이미지와 키워드 중심의 간단한 문구로 카드를 만듭니다. 10장 안팎의 카드를 나열하여 메시지를 전달하며 온라인 블로그나 홍보물 등에서 자주 사용합니다.

그림4-8 카드뉴스의 다양한 형태

카드뉴스 방법으로 콘티의 뼈대가 되는 '키 비주얼(장면)'을 만들고 이야기의 전체 틀을 잡습니다. 그리고 뼈대를 점검하듯 키 비주얼이 콘텐츠 이해에 적합한지, 내용이 전반적으로 자연스럽게 흐르는지, 전체적인 톤(분위기)이 유지되는지 등을 검토합니다.

그림4-9 카드뉴스로 '키 비주얼' 만들기

키 비주얼로 전체 틀이 완성되면 뼈대에 살을 붙여 나가듯 각 키 비주얼에 '세부 비주얼'을 붙여나갑니다. Key1을 예로 들면 세부1, 세부2, 세부3, 세부4 등의 형태로 구체화할 수 있습니다. 위와 같은 방법으로 콘티 만들기를 시작하면 우선으로 초보자의 부담이 줄어듭니다. 그리고 계속 뜯어고치는 번거로움과 이야기의 흐름이 깨지는 실패율을 줄일 수 있습니다.

그림4-10 '세부 비주얼' 만들기

2. 사진으로 만든 카드뉴스

콘티는 초보자뿐 아니라 숙련된 제작자에게도 중요한 작업입니다. 꼼꼼하게 준비하지 않으면 촬영 당일 원하는 장면을 순조롭게 얻지 못할 수 있습니다. 타이트한 스케줄을 소화 못 하거나 촬영 시 발생하는 돌발상황에 대비하기 어려워질 수 있습니다.

일기예보와 달리 비가 오기 시작하고, 촬영 당일에 갑자기 장소를 사용할 수 없게 되고, 소품 등 미술적인 부분에 문제가 생기고, 배우나 스텝이 불참석하는 등 돌발상황이 발생하기도 합니다. 촬영 당일은 분주한 환경 속에서 최고의 집중력을 요구합니다. 준비가 철저하지 않으면 원하는 양과 질의 결과물을 얻기 어렵습니다.

1인 방송처럼 혼자 촬영하는 경우에는 여러 스텝의 몫을 동시에 해야 합니다. 머릿속에 어렴풋이 '대략 이렇게 찍으면 되겠지'라고 생각하는 것으로는 촬영 진행이 어렵습니다. 생각처럼 카메라의 각, 위치, 움직임이 이뤄지지 않아 이리 잡아 보고 저리 잡아 보다 시간이 훌쩍 갑니다. 해는 저물어 가고 어두워져 촬영이 미뤄지면 다음 촬영분의 일정도 미뤄지고 전반적으로 스케줄이 밀려 후반 작업(편집)도 늦어집니다. 콘티 준비의 결여는 촬영 당일만의 문제로 끝나지 않기 때문에 철저한 준비가 필요함을 한 번 더 강조하였습니다.

키 비주얼 작업의 예로 문혜선 학생이 만든 사진 카드뉴스를 소개합니다. 반려동물 앵무새 '망고'의 일상을 담은 브이로그입니다. 카드뉴스를 통해 전체 이야기의 구조를 굵직굵직하게 시각화했습니다.

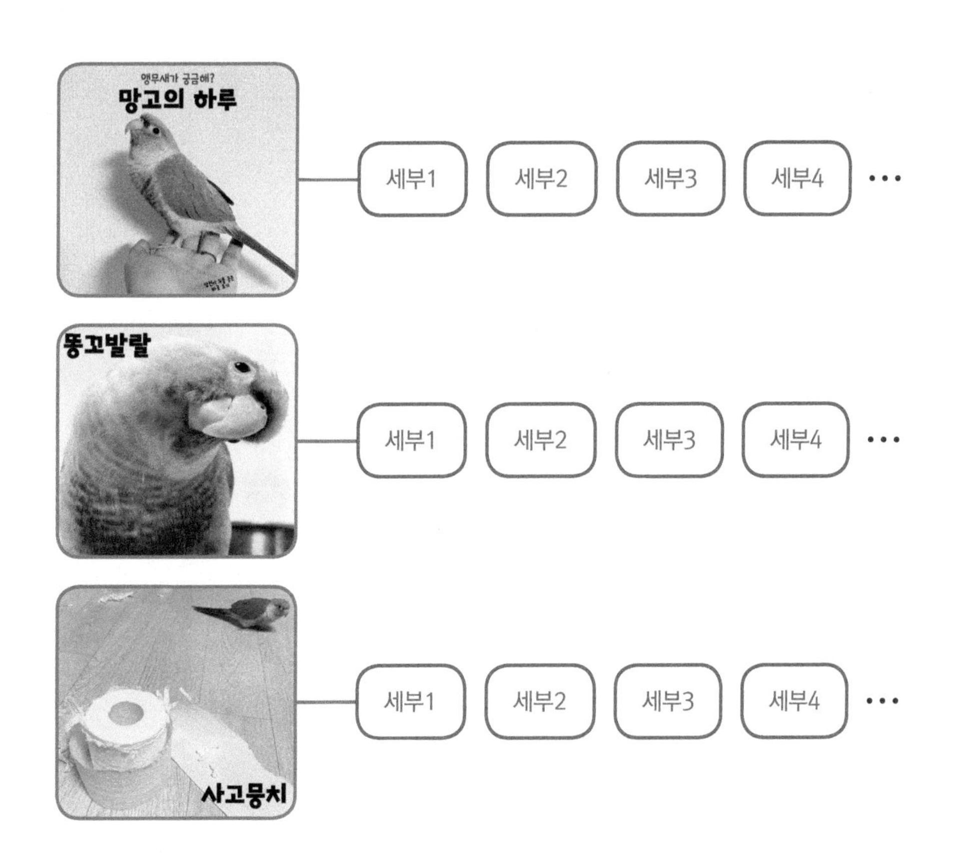

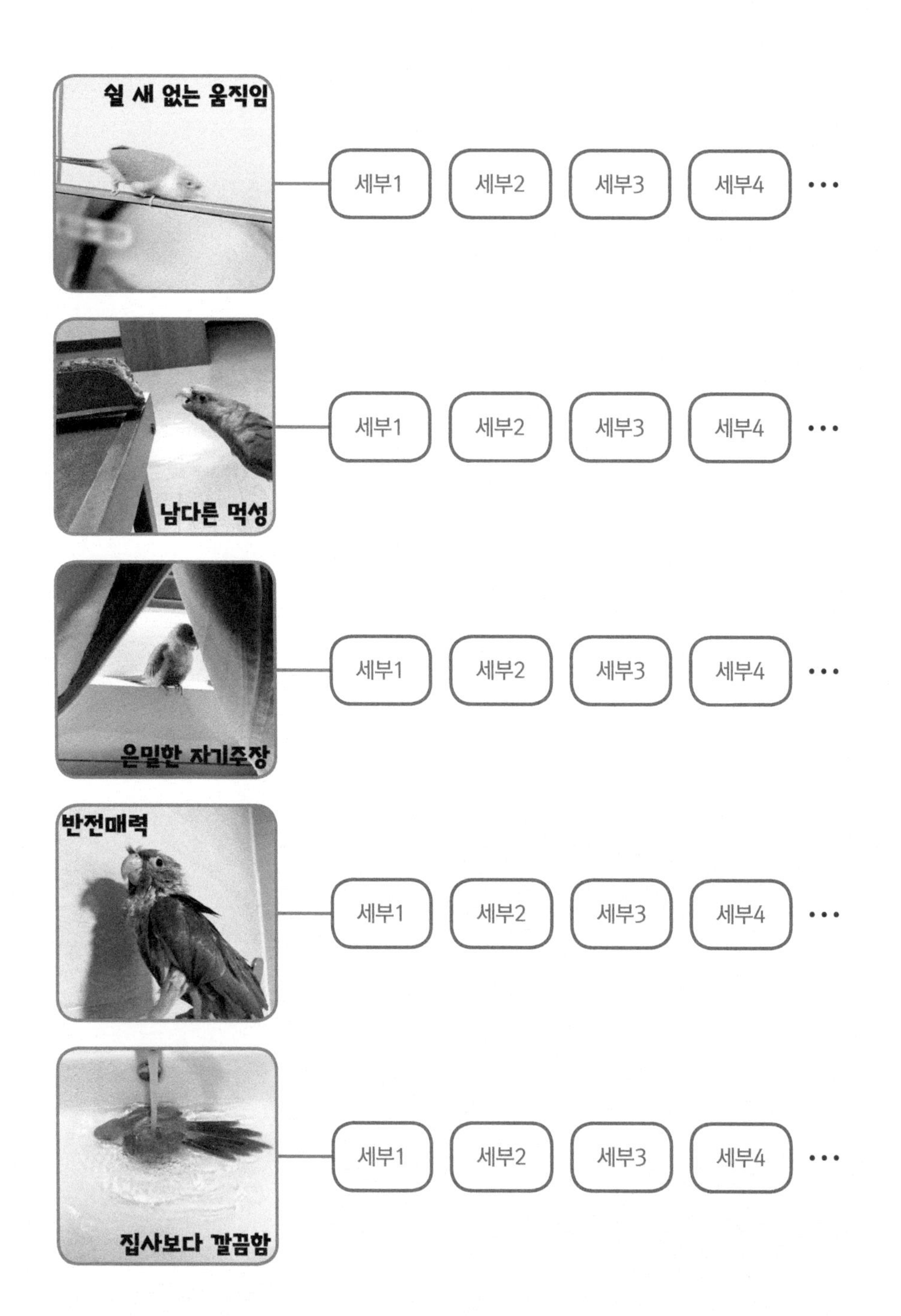
쉴 새 없는 움직임
세부1
세부2
세부3
세부4
…
남다른 먹성
세부1
세부2
세부3
세부4
…
은밀한 자기주장
세부1
세부2
세부3
세부4
…
반전매력
세부1
세부2
세부3
세부4
…
집사보다 깔끔함
세부1
세부2
세부3
세부4
…

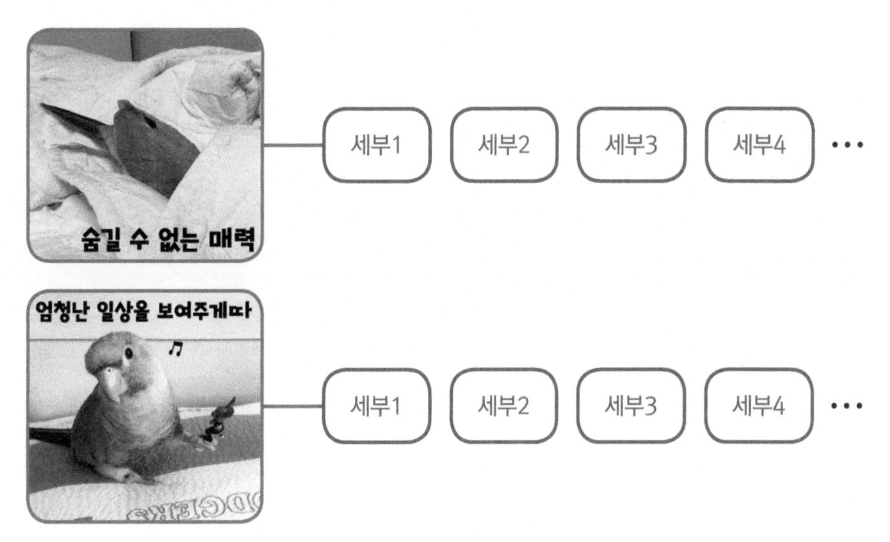

그림4-11 **'망고의 하루' 카드뉴스**[10)]

3. 드로잉으로 만든 카드뉴스

송혜진 학생이 드로잉으로 제작한 '도서관 근로생('근로'와 '학생'을 합친 단어)' 카드뉴스입니다. 메시지를 말풍선 속 대사를 통해 전달합니다. 웹툰처럼 보이는 이야기 흐름의 형태는 방송 내용을 전체적으로 한눈에 검토할 수 있게 합니다. 카드뉴스를 다양한 형태로 표현할 수 있음을 보여주는 좋은 예입니다.

10) 성공회대학교 문혜선 학생 작. 학생의 사전 동의하에 참고 자료로 활용.

REC
도서관 근로생의
24시간 브이로그
세부1
세부2
세부3
세부4
음.. 돈이 부족해.
알바를 해야겠어!
근데 어떤 알바를
하지?
카톡!
대학생이 된 당신!
알바 자리를 찾고 있지 않나요?
네, 맞아요!!
아니요?
알바 구하기
엄청 힘드네!!!
알바를 하려고 하니
자리가 찾기가 어렵고
막상 알바를 구해도 주변 사람들
때문에 지치는 건 이제 그만!!

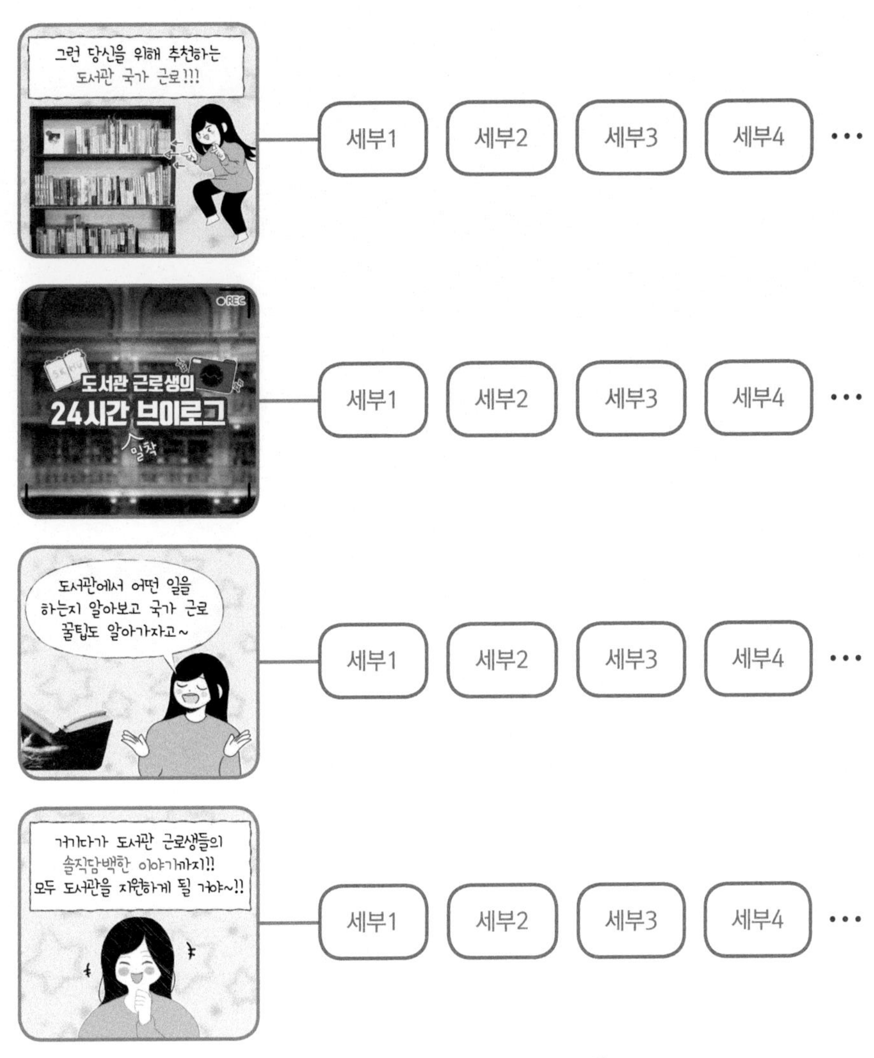

그림4-12 '도서관 근로생' 카드뉴스[11)]

11) 성공회대학교 송혜진 학생 작. 학생의 사전 동의하에 참고 자료로 활용.

팁으로 카드뉴스로 콘티를 만들면 어떠한 점이 유리한지 말씀드리겠습니다.

카드뉴스 콘티의 장점

◆ 액트1, 액트2, 액트3 구조에 이미지가 적절하게 분배되었는지 확인할 수 있습니다.
이미지가 한쪽에만 치우치지는 않았는지, 부족하지 않는지를 검토합니다.

◆ 이미지를 보면서 촬영 시간과 비용을 예상할 수 있습니다.
주어진 시간 안에 촬영할 수 있는지, 장소 대여, 소품 구매, 교통비 등이 예상 비용 범위 안에 드는지 점검합니다.

◆ 무리한 촬영이 아닌지 예측할 수 있습니다.
고난도의 카메라 움직임이 필요하지 않은지, 인물이 (다루기 어려울 정도로) 많이 등장하지 않는지, 촬영 장소에 위험성은 없는지 등을 확인합니다.

촬영 전 사전 지식 익히기

필름 크루(Film Crew, 동영상 제작 스텝)없이 혼자서 촬영할 때 편하게 사용할 수 있는 기자재는 '스마트폰'입니다. 카메라 기능을 보고 폰을 산다고 할 정도로 스마트폰의 성능이 좋아졌습니다. DSLR 카메라보다 작동하기 쉽고, 포커스를 맞추고 렌즈를 바꾸는 등의 번거로움이 없습니다. 필터를 바로 적용할 수 있고 그 자리에서 수정도 가능합니다.

무거운 필름 카메라부터 지금까지 여러 카메라를 사용해본 입장에서 말씀드리면 스마트폰은 훌륭한 동영상 기록장치입니다. 스마트폰이 없으면 일반 휴대폰이나 가용범위 안의 카메라를 사용하면 되니 연습을 위해 새로 구매하지 않아도 됩니다.

촬영을 시작하기 전 기본적으로 알아야 할 촬영 관련 용어와 유의 사항을 살펴볼 것입니다. 사전 지식이 '있는' 촬영과 '없는' 촬영은 편집을 할 수 '있느냐', '없느냐'의 문제로 이어질 정도로 중요한 부분입니다.

촬영 시 사전 지식이 필요한 이유

1. 사전 지식 없이 촬영하면 숏에 대한 개념이 없어 되는대로 찍게 됩니다.
결국 촬영한 파일들은 편집에서 사용하지 못할 수도 있습니다.

- 인물의 이동 방향이 통일성 없이 어떤 화면에서는 왼쪽으로 이동하고 어떤 화면에서는 오른쪽으로 이동하여 움직임이 뒤죽박죽됩니다. 결국 통으로 편집해야 할 상황이 발생할 수 있습니다.
- 화면 속 인물의 위치가 안정감이 없고 어정쩡하면 그 인물의 캐릭터를 나타내기 어렵습니다. 어정쩡한 화면 설정 때문에 캐릭터가 모호한 성격이나 어중간한 태도를 취하는 것처럼 보입니다.

2. 재촬영을 해야 하는 경우가 발생합니다.

- 시간, 비용적으로 낭비입니다.
- 촬영 스케줄을 새롭게 조정해야 합니다.
  촬영 장소와 스텝의 스케줄이 서로 맞지 않으면 재촬영일이 예상보다 미뤄질 수 있습니다.
- 편집 일정과 업로드 시기가 미뤄집니다.
- 처음 촬영할 때보다 사기가 떨어질 수 있습니다.

(불필요한 시행착오 없이)계획한 장면을 효과적으로 표현할 수 있도록 촬영의 기초부터 공부하겠습니다.

1. 화면 크기 이해하기

크기가 다른 숏(Shot)의 각 명칭을 알아보겠습니다.

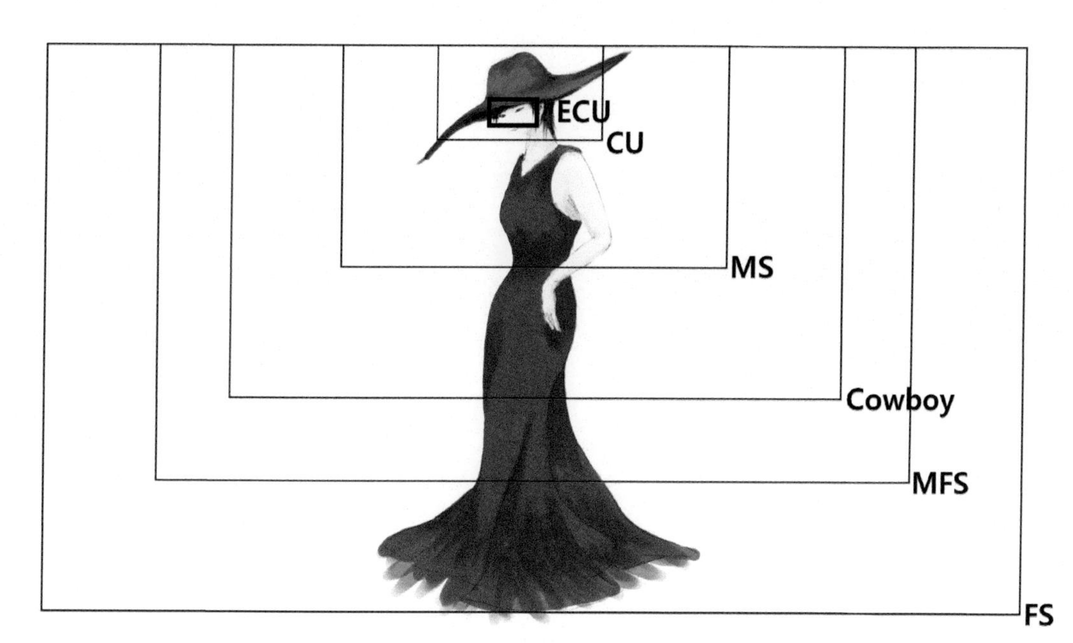

그림 4-13 숏의 크기별 명칭

화면 크기	명칭과 내용
	ECU Extreme Close UP
	초근접 숏
	◆ 매우 가까이 촬영 ◆ 눈, 코, 입 등 특정 부위 강조
	CU Close Up
	클로즈업 숏
	◆ 대상을 가까이 촬영 ◆ 인물의 얼굴 정도 담을 수 있는 크기

	MS Medium Shot	미디엄 숏	◆ 인물의 상반신까지 촬영 ◆ 허리 위까지 담을 수 있음
	Cowboy Shot	카우보이 숏	◆ 무릎 위까지 촬영 ◆ 총을 꺼내는 위치를 의미하여 카우보이 숏이라 불림 ◆ 줄여서 CS로 표기할 수 있지만 주로 카우보이로 불림
	MFS Medium Full Shot	미디엄 풀 숏	◆ 카우보이 숏과 풀 숏의 중간 크기
	FS Full Shot	풀 숏	◆ 인물 전체를 담은 화면 ◆ 머리부터 발까지 한 화면에 등장
	LS Long Shot	롱 숏	◆ FS(풀 숏)와 혼용해서 사용함 ◆ 인물 전체가 나오는 숏

'WS(Wide Shot, 와이드 숏)'는 인물 전신이 나오는 숏이라 크기 면에서는 LS(Long Shot, 롱 숏)와 비슷하지만 원칙적으로는 다른 의미라 따로 소개합니다.

	WS Wide Shot
	와이드 숏
	◆ 전경이 나오게 넓게 촬영 ◆ 현장에서는 LS(롱 숏)와 혼용하여 사용하기도 함 ◆ 정확하게는 LS(롱 숏)는 '인물 중심'으로 장면을 설명할 때 사용하고 WS(와이드 숏)는 '전경 중심'으로 장면을 설명할 때 사용함

그림 4-14 와이드 숏

2. 대상의 위치 정하기

'삼등분 법칙(Rule of thirds)'은 화면을 가로, 세로 삼등분하여 '교차하는 점'(네 군데 중 하나)에 촬영 대상의 위치를 잡는 것입니다. 교차하는 부분을 동그라미로 표시하였습니다.

중심 인물(또는 사물)을 동그라미 네 군데 중 한 곳을 골라 그 위치에 놓습니다. (삼등분 법칙이 아닌 곳에 있을 때보다)균형 잡힌 구도가 되어 에너지 있는 화면을 만들 수 있습니다.

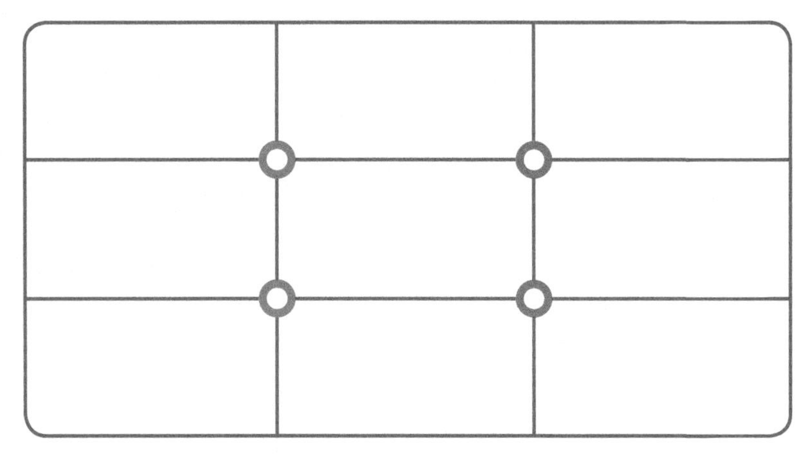

그림 4-15 **삼등분 법칙**

고의로 삼등분 법칙을 깨기도 합니다. 불안감, 소외감, 고독감 등 감정을 증폭시키기 위해 일부러 삼등분 법칙을 벗어나 촬영합니다. 제작자의 연출 감각에 따라서도 법칙을 깨고 구도를 자유롭게 변화시킬 수 있습니다.

삼등분 법칙은 반드시 강요되는 것은 아니니 구애받지 말고 촬영하길 바랍니다. 알고 있으면 필요에 따라 사용할 수 있는 것이지 제약사항이 아닙니다.

그림 4-16 **삼등분 법칙 깨기, 첫 번째**

그림 4-17 **삼등분 법칙 깨기, 두 번째**

그림 4-18 **삼등분 법칙 깨기, 세 번째**

헤드룸(Head Room)은 인물의 '머리 위'와 '화면 사이'의 공간을 말합니다. 안정적인 느낌을 주기 위해 인물의 '머리'와 '화면' 사이에 적당한 '룸(Room)'을 줍니다. 헤드룸이 너무 좁거나 너무 넓으면 답답하거나 허전한 느낌이 듭니다. 헤드룸 역시 삼등분 법칙과 마찬가지로 일부러 형식을 깨기도 합니다. 특히 화면의 움직임과 컷이 많은 뮤직비디오에서는 헤드룸을 신경 쓰지 않고 대상을 촬영하기도 합니다. 헤드룸도 연출의 선택에 따라 지킬 때도 있고 아닐 때도 있으니 참고하여 촬영하기 바랍니다.

그림 4-19 적당한 '헤드룸(head room)' 찾기

3. 카메라 위치 정하기

3.1. 180도 규칙(180-Degree Rule)

▷ 옆모습 촬영

인물A와 인물B를 둘러싼 원(360도)이 있고 둘 사이에는 가로, 세로로 선이 있습니다. '가로 선'을 기준으로 앞쪽에는 카메라가 있고 뒤쪽 영역(회색)에는 없습니다. 180도 규칙은 임의의 선을 기준으로 원을 반으로 쪼갠 후, 한쪽 반원인 180도 영역에서만 카메라의 움직임이 허용되는 규칙입니다. 카메라가 회색 영역으로 넘어가면 안 됩니다.

앞쪽 반원에 카메라1, 카메라2, 카메라3이 있습니다. 카메라별로 숏이 어떻게 잡힐지 오른쪽 빈칸에 그려보길 바랍니다.

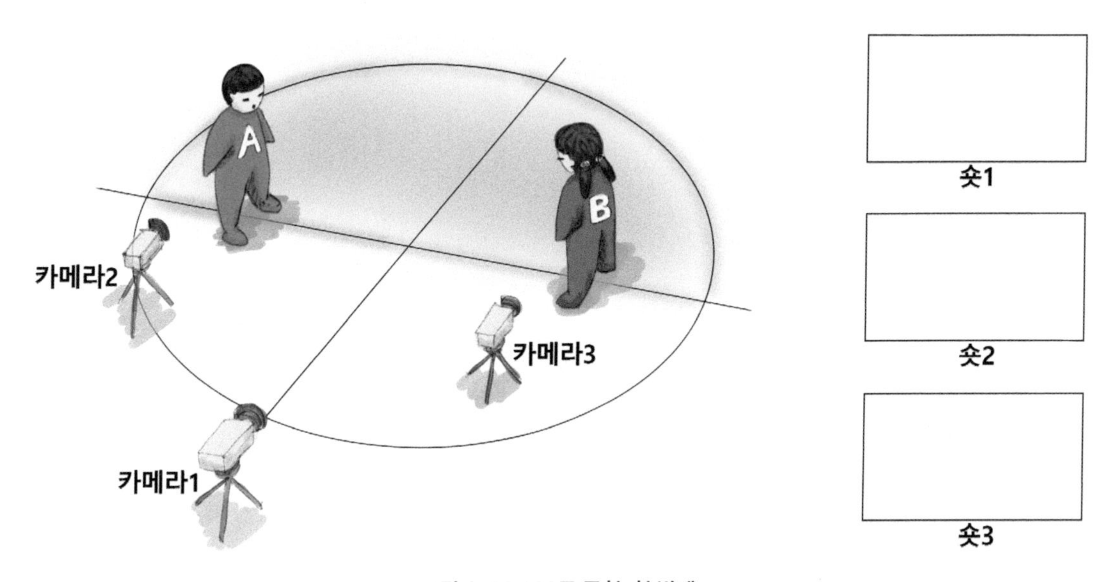

그림 4-20 180도 규칙, 첫 번째

정답

숏1

숏2

숏3

그림 4-21 180도 규칙, 첫 번째 (정답)

▷ 얼굴 면적의 4분의 3 촬영

각 인물의 얼굴이 4분의 3 정도 보이게 카메라4와 카메라5를 놓았습니다. 어떤 숏이 나올지 그려보길 바랍니다.

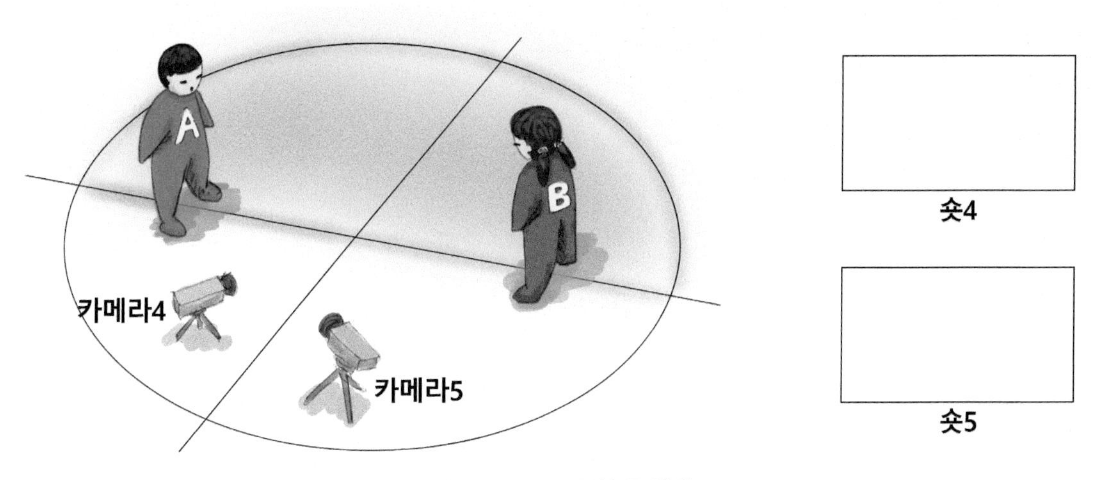

그림 4-22 180도 규칙, 두 번째

정답

숏4

그림 4-23 180도 규칙, 두 번째 (정답)

▷ OTS(Over the Shoulder)숏 촬영

이번에는 화면에 나오는 인물이 혼자가 아닙니다. 두 명이 나오는 투(Two) 숏입니다. 힌트를 드리면 한 명은 앞모습, 다른 한 명은 뒷모습이 보일 것입니다.

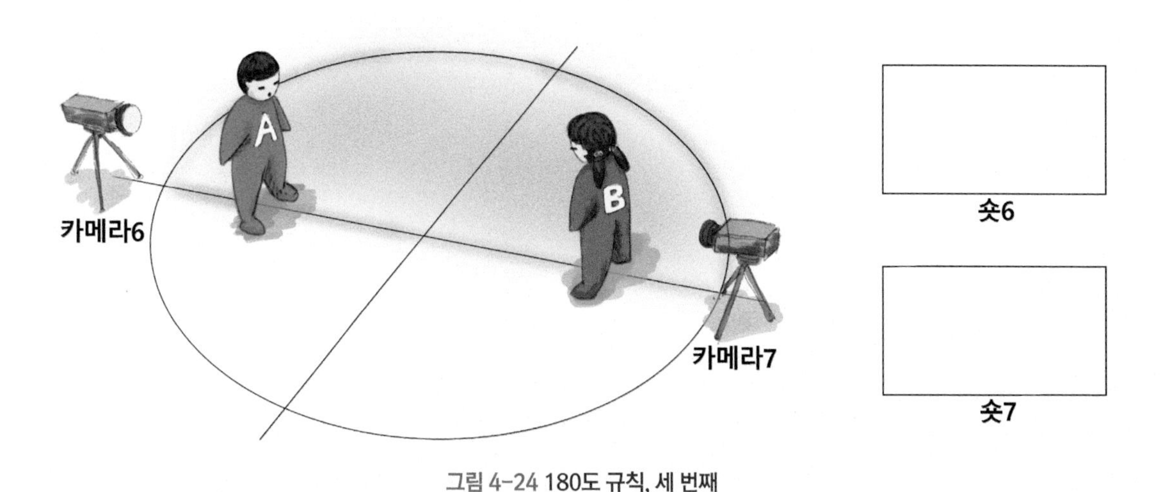

그림 4-24 180도 규칙, 세 번째

인물의 (뒷모습의)어깨 일부를 화면에 걸리게 잡고 그 너머에 있는 인물(또는 사물)을 촬영한 숏을 '오버더숄더(Over the Shoulder) 숏'이라고 합니다. 줄여서 OTS라 부르고 대화 장면에 주로 사용합니다. OTS 라는 단어를 앞으로 많이 사용하게 될 텐데, 그만큼 자주 사용하는 숏 중 하나이기 때문입니다.

정답

숏6

숏7

그림 4-25 180도 규칙, 세 번째 (정답)

▷ 180도 규칙을 어긴 후, 옆모습 촬영

넘어가지 말아야 할 '회색 영역' 안에 카메라8이 있습니다. 카메라8은 180도 규칙을 어긴 자리에서 인물B를 찍고 있습니다. 어떤 숏이 잡히는지 알아보겠습니다.

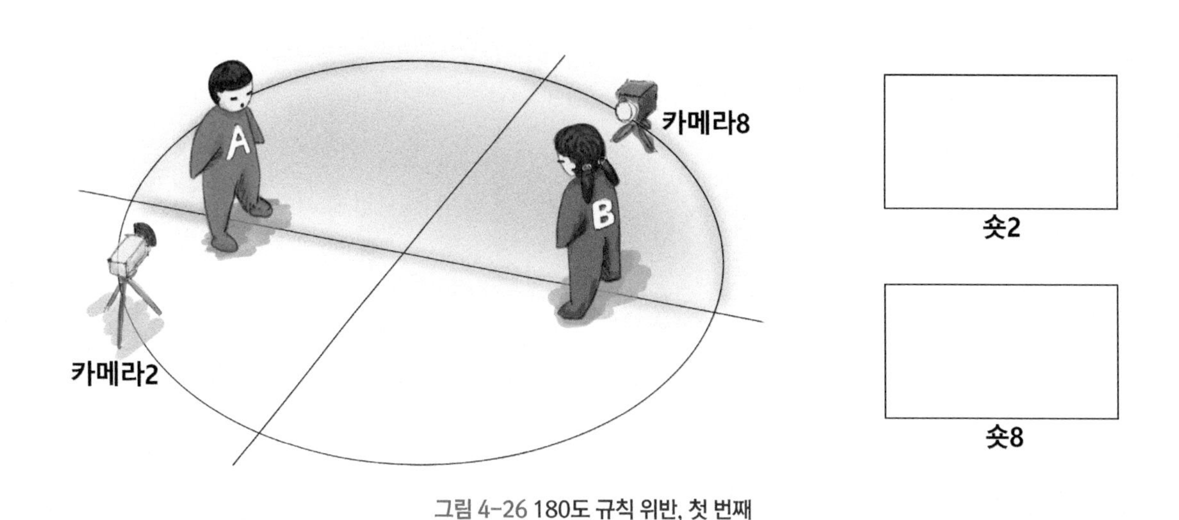

그림 4-26 180도 규칙 위반, 첫 번째

180도 규칙을 어겨 촬영하니 인물A와 인물B가 서로 마주 보는 느낌이 아닙니다. 인물B는 인물A를 바라보지 않고 또 다른 새로운 인물을 바라보는 것 같습니다. 서로 바라보는 인물의 '아이라인(Eyeline, 시선 방향)'이 맞지 않는 것입니다. 180도 규칙을 어기며 촬영한 것은 편집에서 사용하지 못합니다. 콘티뉴이티(Continuity)라 하는 장면의 연결성이 깨집니다. 마치 인물B가 제자리에 있지 않고 왔다 갔다 하는 느낌을 주어 시청자를 헷갈리게 만들고 이야기의 흐름도 방해합니다.

정답

숏2

숏8

그림 4-27 180도 규칙 위반, 첫 번째 (정답)

▷ 180도 규칙을 어긴 OTS 촬영

한 번 더 규칙을 어겨 보겠습니다. 이번에는 OTS 숏이라 살짝 헷갈릴 수 있습니다.

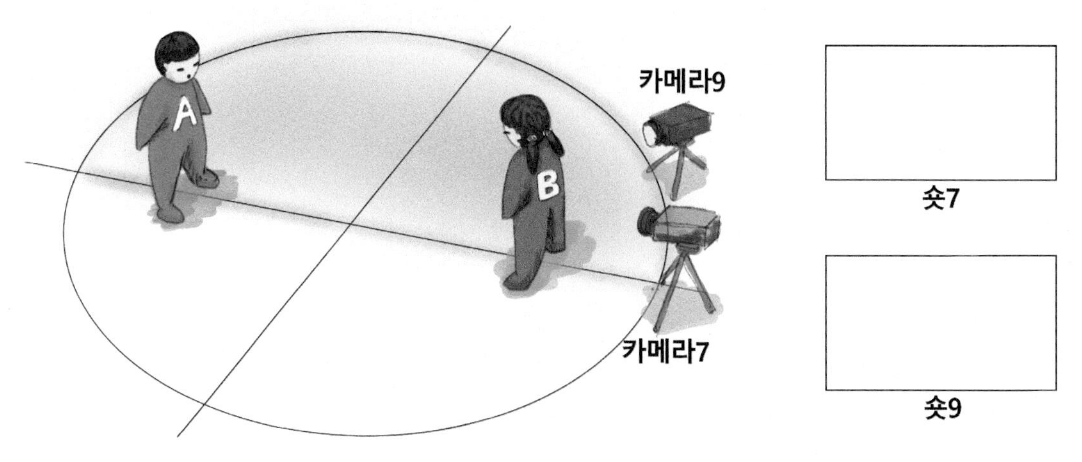

그림 4-28 180도 규칙 위반, 두 번째

숏7은 괜찮은데 숏9에서 뭔가 이상한 느낌이 듭니다. 인물A는 여태까지 앞모습이 잡히든, 뒷모습이 잡히든 모두 화면 '왼쪽(인물B는 오른쪽)'에 위치했는데, 숏9에서는 '오른쪽(인물B는 왼쪽)'에 있습니다. 규칙을 어기면 앞에서도 확인했듯이 연결성이 깨져 시청자에게 혼란을 줍니다. 편집에서 결국 숏9는 사용하지 못합니다.

정답

숏7

숏9

그림 4-29 180도 규칙 위반, 두 번째 (정답)

규칙을 지켜 둘의 대화를 다시 촬영하면 인물A는 앞모습일 때도 화면 '왼쪽'에 뒷모습일 때도 화면 '왼쪽'에 있습니다. 촬영 현장이 분주할 때는 가끔 실수할 수도 있습니다. 혹시 OTS 숏에서 180도 규칙이 깨지지 않았는지 점검할 때는 출력 화면을 보고 화면 속 인물이 항상 '일정한 위치(왼쪽에 있었으면 숏이 바뀌어도 항상 왼쪽에, 오른쪽에 있었으면 항상 오른쪽에)'에 있는지 확인하길 바랍니다.

180도 규칙을 지킨 OTS촬영 숏

숏7

숏6

그림 4-30 인물A가 화면 왼쪽에 위치

▷ 180도 영역 넘어가며 촬영하기

180도 규칙에서 넘어가면 안 되는 반대편 (회색)영역에 넘어가 촬영하는 경우도 있습니다. 단, 조건이 있습니다. '넘어가는 과정'을 모두 시청자에게 보여줘야 합니다.

카메라가 180도 영역 안에 있다가 화살표 방향대로 '컷'없이 반대편 회색 영역으로 이동합니다. 카메라의 여정을 시청자에게 그대로 보여주는 것입니다. 시청자는 혼란 없이 대상의 위치를 인식할 수 있습니다. 이 방법은 주로 두 명 이상인 여러 명의 대화에서 사용합니다.

그림 4-31 180도 영역 넘어가며 촬영하기

3.2. 30도 규칙(30-Degree Rule)

30도 규칙(30-Degree Rule)은 다른 숏을 찍기 위해 카메라를 옮길 때, 적어도 '30도 이상'은 움직여 화면에 변화를 주는 것을 말합니다.

다음 그림에 카메라가 위치할 수 있는 영역을 30도 간격으로 표시했습니다. 저 정도의 차이는 두고 카메라를 이동합니다. 30도가 안 되게 약간만 움직였을 경우 다른 숏을 촬영했다고 보기 어렵고 컷이 점프한 것 같은 어색한 느낌이 듭니다. 녹화 중 실수로 카메라를 잘못 건드려 위치가 살짝 변경된 것처럼 보일 수 있으니 '30도 이상' 움직여 촬영해야 합니다.

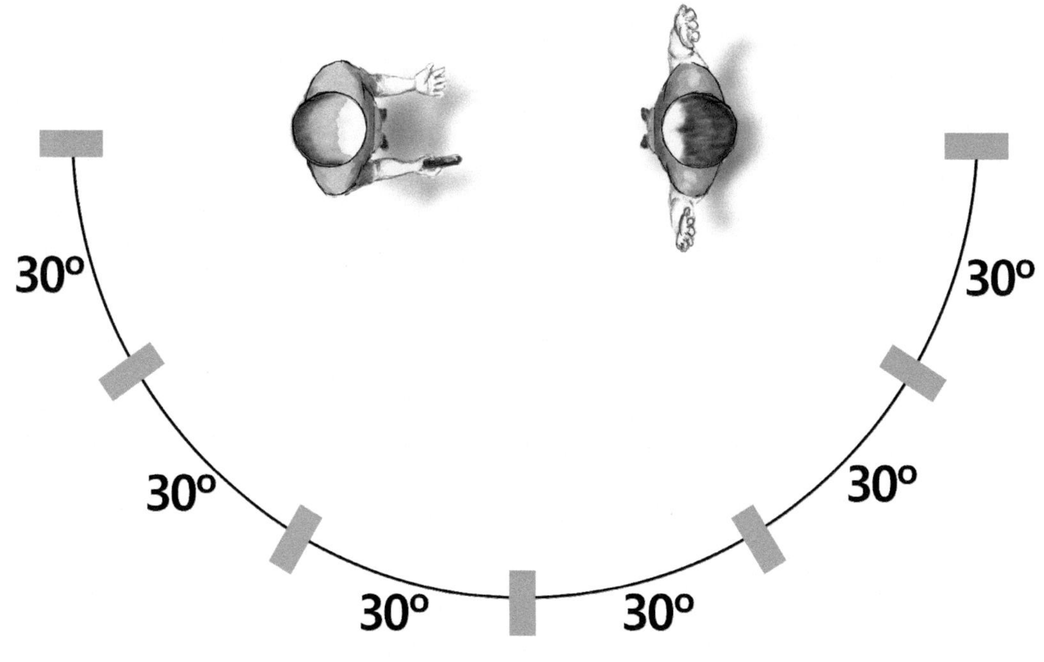

그림 4-32 '30도 규칙'을 지킨 카메라의 위치

4. 카메라 움직임 활용하기

4.1. 촬영 용어

카메라의 움직임에서 사용하는 촬영 용어입니다.

명칭	내용
패닝 Panning	◆ 좌우로 카메라를 이동하는 가로 방향의 움직임
틸팅 Tilting	◆ 상하로 이동하는 세로 방향의 움직임

- 트랙(Track) 위에서 카메라가 이동하며 대상을 향해 '앞뒤'로 움직이거나 대상을 '옆으로' 따라가며 움직임
- 바퀴가 달린 움직이는 카트인 '달리(Dolly)'를 이용해 찍는다고 하여 '달리 숏(Dolly Shot)'이라고도 불림

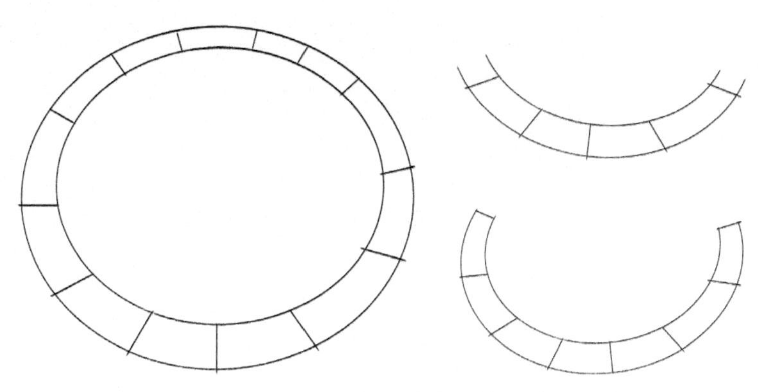

그림 4-33 **다양한 모양의 트랙(Track)**

트랙킹 숏
Tracking Shot

그림 4-34 **'트랙킹 숏' 촬영 장면**

슬라이더 Slider	◆ 카메라를 장착해 주로 짧은 거리를 부드럽게 움직일 때 사용하는 도구 ◆ 달리보다 부피가 작아 사용이 편리하고 설치도 간단함  그림 4-35 **슬라이더 숏 촬영 장면**

위의 장치 외에도 바퀴가 달린 물체는 모두 이동 촬영이 가능합니다. 수레, 도서관에서 볼 수 있는 여러 권의 책을 담은 이동 카트, 호텔이나 음식점에서 사용하는 이동 식탁, 택배 상자를 나르는 손수레 등 바퀴가 달려있으면 됩니다. 하지만 조건이 있습니다. 바퀴가 되도록 커야 합니다.

학생 촬영에서 가장 많이 사용하는 달리는 '휠체어(Wheelchair)'입니다. 프로 촬영에서도 조금 흔들리는 자연스러운 움직임을 원할 때 일부러 휠체어를 사용합니다. 대표적인 예로 영화 〈네 멋대로 해라(A bout de souffle)〉(장 뤽 고다르, 1960)의 실내 이동 장면이 휠체어로 촬영되었습니다. 실내의 기둥, 가구, 소품 등이 있어 트랙을 설치할 공간이 충분하지 않아 휠체어로 이동하며 촬영했습니다.

(주변에서 접할 수 있는) 이동 촬영 도구의 예

- 휠체어 (가장 추천)
- 수레
- 도서관의 책 이동 카트
- 호텔, 음식점의 이동 식탁
- 택배용 손수레

그리고 짐벌(Gimbal)이라는 도구를 활용하면 흔들림을 최소화하여 자연스러운 이동 촬영이 가능합니다. 들고 움직여도 카메라가 일정하게 수평을 유지하도록 도와주는 장치입니다. (다리가 세 개인 삼각대와 다른) '모노포드(Monopod)'라고 하는 다리가 한 개인 카메라 고정장치 끝에 짐벌을 장착하면 팔이 닿지 않는 높은 곳이나 먼 곳 등의 촬영이 가능합니다. 하지만 짐벌은 비용이 발생합니다. 콘텐츠 내용상 이동 화면이 많이 필요할 것 같은 제작자만 고려하길 바랍니다. 1인 방송용 도구로 짐벌과 함께 셀카봉도 사용되니 이 부분도 참고하길 바랍니다.

4.2. 카메라 움직임의 활용

카메라 움직임을 활용해 시청자의 주목도를 높일 수 있습니다. 고의적으로 시청자에게 처음부터 이야기 내용을 완벽하게 전달하지 않고 어떤 이야기인지 혼자서 추측해 볼 수 있게 하는 것입니다.

다음 그림을 보면서 카메라의 움직임을 설명하겠습니다.

일반적으로 이야기를 전개하는 방법은 전체 숏인 '숏1'을 먼저 보여준 후 '숏2',

'숏3', '숏4'의 개별 인물 숏으로 넘어갑니다. 시청자가 처음 보는 장면은 '숏1'이고 장면 속에 있는 소품인 '인터뷰(Interview) 표지판'을 보고 각 인물이 면접을 준비하고 있음을 알 수 있습니다. 전체 숏을 보여준 후에는 각 숏으로 넘어가 인물을 자세하게 보여줍니다.

- 숏2: 휴대폰을 보며 손동작을 취하는 남자
- 숏3: 서류 종이를 보며 심각한 표정을 짓는 여자
- 숏4: 그 옆에 거울을 보고 있는 여자

그림 4-36 숏의 진행 순서

하지만 위의 방법처럼 전체적인 내용을 처음부터 공개하고 세부 사항을 보여주면 내용은 쉽게 이해되지만 당연한 이야기의 흐름에 시청자는 별 흥미를 못 느낍니다. 시청자의 흥미를 일으키고 주목도를 높이기 위해 방법을 바꿔보겠습니다.

카메라의 움직임을 활용할 것인데, 숏을 보여주는 순서를 거꾸로 하는 것입니다. '숏1'을 처음이 아닌 가장 마지막에 보여줄 것입니다.

처음 장면은 '숏2'에서 시작하고, '숏3', '숏4'의 순서로 진행합니다.

첫 화면으로 '숏2'의 '휴대폰을 보며 손동작을 취하는 남자'를 등장시킵니다.

그림 4-37 숏2

두 번째로 '숏3'의 '서류 종이를 보며 심각한 표정을 짓는 여자'를 보여줍니다.

그림 4-38 숏3

다음으로 '숏4'의 '거울을 보고 있는 여자'를 보여줍니다.

그림 4-39 숏4

독특한 행동의 캐릭터를 한 명씩 차례로 보여주는 것입니다. 시청자는 캐릭터가 '무엇을 하는 중인지', '왜 저런 동작을 하는지' 정확하게 이해할 수 없어 내용이 점점 궁금해질 것입니다. 아직 인터뷰 표지판을 보지 못했기 때문에 장소 추측도 할 수 없습니다.

마지막 장면으로 전체 화면인 '숏1'을 보여주고 면접 장소임을 드러내 뒤늦게 상황을 이해하도록 합니다. 앞에서 등장한 인물들이 면접을 보기 위해 준비하고 있었던 것을 알게 됩니다.

그림 4-40 숏1

결과를 지연시키는 카메라 이동은 장면을 더욱 흥미롭게 연출할 수 있고 시청자의 주목도를 높일 수 있어 이야기 진행에 자주 활용되는 방법의 하나입니다.

5. 촬영 시 유의 사항

경험이 부족하여 초보 제작자가 미처 준비하지 못하는 사항을 말씀드립니다. 촬영 횟수가 늘어나고 다양한 상황을 겪으면 자연스레 알게 되지만 처음에는 잘 모르는 정보입니다. 제 경험담과 학생 면담에서 얻은 내용을 바탕으로 정리하였습니다.

▷ 비, 눈

실외 촬영 시 보름 전부터 날씨를 확인하기 시작합니다. 하지만 당일에도 바뀔 수 있기 때문에 사실 날씨는 가장 예측하기 어려운 부분입니다. 촬영 일 앞뒤로 비, 눈, 번개 등이 있으면 가능한 날짜를 옮기는 것이 모두에게 이득입니다.

운 좋게 촬영일만 화창할 수도 있겠지만 이런 가능성을 기대하는 것은 촬영 준비에 도움 되지 않습니다. 필름 크루(Film Crew)가 있는 촬영이라면 더더욱 피해야 합니다. 많은 인력이 날씨 때문에 일을 못 하게 되고 촬영 가능한 일정을 재조정해야 합니다. 장비나 장소를 대여했다면 비용 손실도 상당합니다.

▷ 혹한기

추위를 잘 안 타도 옷을 여러 겹으로 입길 권장합니다. 춥지 않으면 하나씩 벗으면 됩니다. 숨죽이고 기다려야 하는 장면도 있습니다. 추운 실외에서 움직이지 않으면 몸의 온도가 내려갑니다. 손이 얼고 떨려 카메라를 정교하게 움직이기 어렵습니다. 그리고 몸살이라도 나면 다음날 촬영을 진행하지 못합니다. 한다 해도 컨디션이 좋지 않아 원하는 양과 질의 분량을 얻기 어렵습니다.

▷ 물가

개울가, 강, 바다 등 물이 있는 곳에서 촬영한다면 동시녹음은 거의 불가능합니다. 물소리와 바람 소리가 함께 녹음되어 깨끗한 목소리를 얻기 어렵습니다. 프로가 아닌 이상 물가의 목소리 녹음은 어려우니 되도록 인물 대사를 피하는 것이 좋습니다.

물가 촬영이 겨울일 경우는 혹한기가 아니라도 춥습니다. 저의 경우, 2월에 도시 물가 촬영이라 춥지 않을 것이라 예상하고 옷을 여러 겹 입지 않았습니다. 정말 추웠습니다. 11월-2월의 물가 촬영에는 여러 겹 입을 수 있는 옷을 준비하길 바랍니다.

▷ 사람이 많은 장소

요즘은 셀카를 많이 찍기 때문에 사람들 사이에서 촬영해도 잘 쳐다보지 않습니다. 하지만 조명이나 삼각대 등 장비가 많아지면 지나가는 이목을 끕니다.

사람이 많은 장소에서 첫 번째로 촬영 전 준비해야 할 것은 촬영 가능한 장소인지 확인하는 것입니다. 허가가 필요할 경우 반드시 허가를 받은 후 촬영해야 합니다.

두 번째는 타인에게 방해되는 촬영은 하지 않아야 합니다. 동의 없이 타인의 얼굴이 나와도 안 됩니다.

마지막으로는 촬영 후, 그 자리에서 꼭 모니터링하길 바랍니다. 가끔 지나가는 사람 중에 직접적으로 카메라를 쳐다보는 경우가 있어 화면에 그 사람의 시선이 곧바로 시청자로 향합니다. 후반 작업 때 이를 발견하면 늦습니다. 찍고 나서 바로 확인하면 원하지 않는 장면일 경우 금방 다시 촬영할 수 있습니다.

▷ 셀카(Selfie)

카메라를 본인 쪽으로 향하게 하고 빠르게 걷거나 뛰면 흔들립니다. 찍는 사람은 촬영하는 것에 집중하여 잘 못 느끼지만 녹화분을 보면 심하게 흔들리는 것을 알 수 있습니다. 인물과 카메라가 가까울수록 더 흔들려 보입니다. 뛰지 않는 등의 다른 방법으로 촬영하기 바랍니다.

▷ 동물 촬영

동물은 제작자의 의도대로 촬영하기 어렵습니다. 촬영이 가능한 동물은 체계적인 훈련을 받습니다. 훈련 지도자도 촬영 장소에 함께 있어 동물 컨트롤이 가능합니다.

반려동물을 촬영해야 한다면 원하는 그림을 콘티로 먼저 준비합니다. 동물이기 때문에 발생할 수 있는 우발적 상황을 되도록 많이 예상합니다. 그 상황을 대처할 방법까지 생각합니다. 그리고 시간이 날 때마다 자주 촬영해야 합니다. 조그마한 움직임이 있어도 그때마다 녹화합니다. 원하는 그림을 우연히 얻을지도 모릅니다.

▷ 후시 녹음(ADR)보다 동시 녹음

'ADR(Automated Dialogue Replacement 혹은 Additional Dialogue Recording)'이라 불리는 후시 녹음은 녹음 부스에서 배우가 화면을 보며 입 모양에 맞춰 대사를 다시 녹음하는 것입니다. 숙련된 배우가 할 수 있는 고난도의 일입니다. 연기 동작에 맞춰 호흡을 섞어가며, 숨소리도 타이밍에 맞게, 목소리의 높낮이와 빠르기 등을 조절해가며 녹음합니다.

학생 작품은 저예산이기 때문에 대부분 동료 학생이 연기하는 경우가 많습니다. 어려운 고난도 작업인 후시 녹음(ADR)을 자연스럽게 해내기 어렵습니다.

녹음 후 믹싱(Mixing) 작업도 전문가가 정교하게 해야 합니다. 따라서 초보 제작자는 되도록 후시 녹음(ADR)보다 동시 녹음하는 것을 권장합니다.

▷ 동시 녹음 장치 두 개

학생 상담 중에 꽤 많은 부분이 녹음 관련 문제입니다.

문제	내용
1	녹음한 목소리가 잘 안 들림
2	찢어지는 소리가 남
3	바람 소리나 주변 소음이 같이 들림
4	둘의 대화를 녹음했는데 한 명은 크게 들리고 한 명은 잘 안 들림

녹음과 믹싱은 상당한 기술과 경험을 요구합니다. 전문 장비의 사용도 전문가에게 배우지 않으면 자세한 부분을 놓칠 수 있습니다. '붐(Boom)' 마이크나 '라발리에(Lavalier), (한국에서는 와이어리스(Wireless)라 불림)' 마이크로 녹음하더라도 예비로 녹음 장치를 하나 더 사용하길 권장합니다. 거창한 장치가 아니어도 됩니다. 스마트폰 녹음 기능도 예비 장치로 활용할 수 있습니다. 화면에 잡히지 않게 스마트폰을 적당한 곳에 놓고 녹음기로 사용하면 됩니다. 스마트폰을 카메라로 사용하여 녹음 장치로 사용할 수 없는 상황이라면 소형 휴대용 녹음기를 두어도 좋습니다.

▷ 배터리

카메라 배터리는 촬영 분량을 커버할 수 있는 시간보다 넉넉하게 준비합니다. 충전 확인은 촬영 전날 하는 것이 좋습니다. 혹시 안 되어 있으면 하루라는 충전할 시간이 있습니다. 당일에 확인하면 시간이 부족합니다.

휴대폰 촬영이면 무선 보조 배터리를 준비합니다. 휴대폰 충전기는 당연히 있어야 하고 쉬는 시간 등 틈날 때마다 충전합니다.

▷ 백업 저장 공간, 외장 하드 준비

4K 촬영이 가능한 스마트폰도 있습니다. 4K로 촬영하려면 스마트폰 저장 공간의 용량이 충분해야 합니다. 저장 용량이 넉넉지 않을 경우 '노트북'같이 파일을 옮길 수 있는 장치로 옮겨가며 촬영합니다. 이때 백업으로 '외장하드'에도 저장합니다. 파일을 '두 군데'에 저장합니다.

4K를 예로 들긴 했지만 HD 촬영도 마찬가지로 파일을 '두 군데'에 저장합니다. 저장 장치가 오류 날 수 있고, 실수로 노트북에 있는 파일을 지울 수 있고, 저장 장치 중 하나를 잃어버릴 수도 있는 등 다양한 경우를 대비하기 위함입니다. 자신은 조심성 있으니까 괜찮다고 생각하면 안 됩니다. 파일은 곧 시간과 노력입니다. 파일 부재로 재촬영을 해야 하는 일은 없어야 합니다.

▷ 글이 새겨진 옷

학생 작품에서 종종 보는 경우입니다. 글이 크게 새겨진 옷을 입고 인물이 등장합니다. 당연히 의상을 준비하는 스타일리스트가 없기 때문에 배우 본인의 것을 입을 수밖에 없습니다. 하지만 이때 '브랜드 로고', '글자', '현란한 무늬' 등이 없는 의상을 선택해야 합니다.

의상은 전체 이야기에 맞게, 캐릭터에 맞게, 신별 상황에 맞게 입어야 하는

데, 저예산 작품에서는 여러 의상과 소품(모자, 신발, 액세서리 등)을 구매하기 어렵습니다. 소유하고 있는 의상을 착용한다면 한 번 더 점검하길 바랍니다.

글자가 있는 옷을 입을 때는 동영상에서 일부러 의미를 부여할 때입니다. 인물의 성격을 넌지시 드러내거나, 상황을 자연스럽게 설명하거나 등의 목적으로 관련 단어가 적힌 옷을 입습니다. 그렇지 않은 경우는 오해를 살 수 있으니 글이 새겨진 옷은 피합니다.

▷ 선거철 현수막

학생들도 저작권 문제 때문에 실외 촬영 시 '브랜드 로고'나 '상호'가 화면에 나오지 않게 촬영해야 함을 알고 있습니다. 그런데 간혹 선거철에 촬영하면 배경에 현수막이 보이는 경우가 있습니다. 선거 현수막은 사진과 이름이 포함되어 장면에 특정 메시지를 전달하는 것처럼 보입니다. 그 촬영분은 사용하지 못합니다. 삭제하거나 재촬영해야 합니다. 현수막뿐 아니라 다른 불필요한 요소도 화면에 잡힐 수 있으니 카메라 세팅 후 배경을 꼼꼼히 체크하길 바랍니다.

▷ 안전

위험요소가 있는 촬영은 모두 해당되는 내용입니다.

위험요소	내용
장소의 위험성	◆ 찻길 ◆ 물가 ◆ 산 ◆ 기차역
(연출에 필요한) 장비의 위험성	◆ 드라이아이스 ◆ 불 ◆ 화학 물질

전문 촬영에서는 필요한 경우 사고에 대비해 촬영 장소에 안전 전문가를 투입합니다. 하지만 저예산이나 학생 작품에서는 비용 부족으로 안전 전문가를 영입하기 어려우니 위험요소가 있는 촬영은 시도하지 않는 것이 좋습니다.

스텝 부상 원인 중 하나인 '무거운 장비'와 '소품' 등을 옮길 때도 조심해야 합니다. 사소한 부분이지만, 촬영 장소에서 걸을 때도 '장비 케이블'을 밟거나 걸려 넘어지지 않게 주의합니다. 촬영에서 누구도 다치면 안 된다는 마음으로 항상 조심하길 바랍니다.

편집은 원리부터 이해하기

대부분 '편집' 수업에서 무엇을 배우고 싶은지 학생들에게 질문하면 다수가 '편집 툴(Tool), (편집할 수 있는 컴퓨터 프로그램)'을 배우고 싶다고 합니다. 저도 학생 때 마찬가지였습니다. 자르고, 붙이고, 필요 없는 부분 삭제하는 것이 편집이니까 툴만 배우면 할 수 있다고 생각했습니다.

편집 프로그램을 잘 다루는 친구에게 사용법을 적당히 배워 혼자 이것저것 해보며 다루는 속도가 빨라졌습니다. 계속하다 보니 자주 사용하는 기능은 익숙해지고 단축키를 누르니 시간이 줄어들었습니다. 하지만 이런 상태를 편집을 잘한다고 할 수는 없습니다.

툴도 알아야 하지만 그 툴을 사용해서 편집해야 하는 이유를 알아야 제대로 된 작업을 할 수 있습니다. 편집이 왜 필요했고 어떻게 시작하게 되었는지 살펴보면서 좋은 편집을 위한 기초를 닦겠습니다.

1. 편집의 시조, 조르주 멜리에스

조르주 멜리에스(Georges Méliès, 1861-1938)는 프랑스 마술사, 영화 제작자, 배우, 무대 디자이너입니다. 멜리에스의 대표작 중 하나인 〈고무 머리 남자(The Man with the Rubber Head), (L'Homme à la tête en caoutchouc)〉에 멜리에스 본인이 등장합니다. 직접 연기도 하고 무대 디자인, 연출, 편집 등 다양한 역할로 작품 활동을 했습니다.

영화 일을 하기 전에는 마술사였습니다. 마술에서 사용하는 방법을 영화 제작에 많이 이용한 것으로 알려졌습니다. 영화 역사상 빠질 수 없는 인물이고 뛰어난 창작자이기 때문에 멜리에스에 대해 짧게 설명하려니 아쉽지만 우리가 알아야 할 편집에 초점을 두고 멜리에스를 공부하겠습니다.

그림 4-41 영화 〈고무 머리 남자〉(조르주 멜리에스, 1901)

멜리에스가 개발한 편집 기술

- 디졸브(Dissolve)
- 페이드 인(Fade In)
- 페이드 아웃(Fade Out)
- 다중 노출(Multiple Exposure)
- 타임 랩스(Time-Lapse)
- 정지 트릭(Stop Trick)

위의 편집 단어 중 전부는 아니더라도 일부는 들어보셨을 겁니다. 모두 멜리에스가 개발한 편집 기술입니다. 그 당시에 디지털도 아닌 필름으로 저런 기법들을 발명했다니 놀랍습니다. 필름을 자르고 붙이면서 실험하고, 시행착오를 겪으며 발명한 기법들이고 그 중 우연히 발견한 것도 있습니다.

'정지 트릭(Stop Trick)'은 화면에 보이는 대상이 갑자기 다른 대상으로 순간적으로 바뀌는 것입니다. 전해지기로는 멜리에스가 길가 촬영 중 버스가 지나갈 때 카메라가 오작동했다고 합니다. 다시 켜서 녹화했는데 이때 영구차가 지나갔습니다. 촬영한 것을 보니 결과적으로 버스가 지나가다 영구차로 순간 바뀌는 것처럼 보였다고 합니다. 이렇게 우연히 발견하거나 실험을 하여 멜리에스는 우리가 지금까지 잘 사용하고 있는 편집 기술들을 만들어냈습니다.

마술쇼를 영화로 만들고, 최초의 공상과학(SF, Science Fiction) 영화〈달세계 여행(A Trip to the Moon)〉을 탄생시키는 등 수백 개의 작품을 제작했습니다. 안타깝게도 전쟁 중에 사라지거나 팔려 지금은 많이 남아있지 않습니다. 그 당시 팔린 필름은 녹여져 여성용 구두 굽 등 다른 물건이 되었습니다.

그림 4-42 영화 〈달세계 여행〉(조르주 멜리에스, 1902)

멜리에스는 편집의 힘을 알고 있었습니다. 자신이 하고 싶은 이야기를 더 쉽게 표현하기 위해, 시청자를 즐겁게 이해시키기 위해 편집을 사용했습니다. '다중 노출'로 한 화면에 동일 인물을 여러 명 배치하고, '정지 트릭'으로 없던 사람을 마술처럼 갑자기 등장시켰습니다. 이전에는 경험할 수 없던 이야기였습니다. 편집을 '이야기 만들기' 도구로 기가 막히게 사용한 것입니다.

2. 편집의 재발견, 레프 쿨레쇼프

편집과 관련해 영화인 한 분 더 공부하겠습니다. 구소련의 영화 제작자, 영화 이론가인 레프 쿨레쇼프(Lev Kuleshov, 1899-1970)입니다. '편집을 통한 의미 만들기 실험'으로 유명하고 그중에 주목해야 할 것은 '쿨레쇼프 효과(Kuleshov Effect)'입니다.

같은 장면이라도 '앞 장면'이 어떤 것이냐에 따라 '뒤 장면'이 다르게 느껴질 수 있음을 증명한 실험입니다. 세 가지 예를 들어 설명하는데, 앞 장면은 새롭게 바꾸고 뒤 장면은 바꾸지 않고 똑같이 유지합니다. 그리고 뒤 장면이 각각 어떻게 다른 느낌을 전달하는지 보여줍니다.

쿨레쇼프 효과 첫 번째

앞 장면에 음식을 보여주고, 뒤 장면에 인물을 등장시키면 인물의 표정이 배고파 보입니다.

그림 4-43 **쿨레쇼프 효과, 첫 번째 (배고픔)**

쿨레쇼프 효과 두 번째

앞 장면에 관 속에 누워있는 여자아이를 보여주고, 뒤 장면에 인물을 등장시키면 인물의 표정이 슬퍼 보입니다.

그림 4-44 **쿨레쇼프 효과, 두 번째 (슬픔)**

쿨레쇼프 효과 세 번째

앞 장면에 비스듬히 누워있는 여성을 보여주고, 뒤 장면에 인물을 등장시키면 인물의 표정이 즐거워 보입니다.
요즘 시대에는 여성 상품화 등의 이유로 문제 가능성이 있어 보이는 예입니다. 실험을 실행할 당시 앞의 두 가지 예시(음식, 관 속에 누워있는 여자아이)들과 다른 느낌을 설명하기 위해 사용한 장면이니 그 부분에 초점을 두고 이해하시면 좋겠습니다.

그림 4-45 **쿨레쇼프 효과, 세 번째 (즐거움)**

앞 장면이 무엇인지에 따라 뒤 장면의 인물 표정이 (똑같은 표정을 짓고 있지만)다르게 느껴집니다. 쿨레쇼프는 앞 장면과 뒤 장면을 어떤 것을 사용하느냐에 따라, 다시 말해 편집에 따라 동영상의 의미를 만들 수 있음을 증명했습니다.

편집은 단순히 자르고 붙이는 작업이 아닌 제작자의 의도대로 의미를 만들어 낼 수 있는 작업이기도 합니다. 이는 장점이면서 위험한 부분입니다. 특히 시청자의 신뢰를 바탕으로 하는 개인 방송에서는 위의 같은 방법에 신중해져야 합니다. 의미를 왜곡하는 일은 없어야 하기 때문입니다. 시청자는 객관적이고 예리합니다. 편집으로 눈속임하려 들면 돌아서는 것은 시간문제입니다.

편집 연구의 시작점인 '조르주 멜리에스', 편집으로 의미를 변화시킬 수 있음을 증명한 '레프 쿨레쇼프'를 통해 편집의 필요성과 중요성을 배웠습니다. 다시 한번 더 강조하면, 작업의 마지막 단계인 편집에 따라 내용이 바뀔 수 있으니 작업 시 신중해야 합니다. 편집의 목적은 시청자와의 대화를 매끄럽게 정리하는 것입니다. 현란한 테크닉, 어지러운 자막 남용, 의미 없는 색 변화 등으로 오해하지 않길 바랍니다.

3. 1인 방송에서의 유용한 편집

동영상 편집 방법 중 '1인 방송'에서 초보자가 어렵지 않게 사용할 수 있는 것 중점으로 소개하겠습니다.

명칭	내용
디졸브 Dissolve	◆ 한 장면에서 다음 장면으로 넘어갈 때 두 장면을 살짝 맞물리게 하여 자연스럽게 전환하는 것 ◆ 자주 사용되는 화면 전환 방법의 하나로 상황에 맞게 디졸브 시간을 길게 하거나 짧게 할 수 있음
페이드 인 Fade In	◆ 검은 화면에서 시작하여 점점 밝아지면서 다음 장면으로 이동하는 것 ◆ 장면 도입부에 주로 사용
페이드 아웃 Fade Out	◆ 페이드 인과 반대로 한 장면에서 서서히 어두워지면서 검은 화면으로 변하는 것 ◆ 장면이 끝날 때 주로 사용
타임 랩스 Time Lapse	◆ 시간 경과를 의미하며 구름의 이동, 꽃의 피어남 등 장시간 동안 일어난 일을 촬영한 뒤 편집에서 시간을 압축하여 (빠르게)표현하는 것
점프 컷 Jump Cut	◆ 한 장면 안에서 '컷'을 통해 점프하듯 장면을 뛰어넘는 것 ◆ 일부러 부자연스러운 변화를 줄 때 사용 ◆ 앞, 뒤 장면이 매끄럽게 연결되지 못하는 느낌 ◆ 장면의 지속시간이 길 때 '부분' 생략하기 위해 사용 ◆ 예를 들어 인물이 카메라 방향으로 뛰어오는 장면이라 할 때 뛰는 장면을 전체적으로 길게 보여주지 않고 중간중간을 드러내어 화면 속으로 순식간에 돌진하는 느낌이 들게 만들 수 있음  jump 1

jump 2

그림 4-46 **점프 컷**(Jump Cut)

컷 어웨이
Cutaway

- 장면과 장면 사이에 다른 장면이 끼어드는 것
- 인서트(Insert) 숏으로도 불림
- '숏1'과 '숏3' 화면의 크기와 각도가 '살짝' 달라 바로 연결하면 점프 컷처럼 보일 수 있기 때문에 중간에 '숏2'를 넣어 붙여주는 역할을 함
- 장면과 장면을 이어주는 '풀(Glue)효과'의 기능을 함

숏6

숏2

숏3

그림 4-47 컷 어웨이(Cutaway)

간격 편집 Intercutting	◆ 다른 장면을 서로 번갈아 보여주는 것으로 주로 '다른 시간대', '다른 장소'에서 일어난 상황을 섞음 ◆ 각 장면 속 인물을 연결 지어 표현하거나, 한 장면이 다른 장면의 설명을 보충하거나, 장면들이 모여 하나의 큰 의미를 형성할 때 사용
교차 편집 Cross-Cutting	◆ 간격 편집처럼 다른 장면을 서로 번갈아 보여주는데 주로 '같은 시간대'에서 일어난 상황을 섞음 ◆ 긴장감을 고조시키는 효과가 있음 ◆ 예를 들어 도망치는 범인과 다른 장소에서 이 범인을 찾으러 오는 경찰을 교차시켜 보여줌
필름 전환 Film Transition	◆ 줄여서 종종 '트랜지션'이라고 불리는 필름 전환은 장면과 장면을 결합하는 기술임 ◆ 컷, 디졸브, 페이드 인, 페이드 아웃 등이 필름 전환의 예임 ◆ 앞, 뒤 장면의 '인물 동작'을 매칭하거나, '사운드'를 맞추거나, '이미지 형태'를 맞춰 장면과 장면을 자연스럽게 이어주는 것이 그 예임
분할 화면 Split Screen	◆ 한 화면에 여러 장면을 '동시에' 보여주고 싶을 때 화면을 분할하여 사용 ◆ 원하는 만큼 여러 개로 분할할 수 있지만 산만하지 않게, 보는 사람의 집중도가 떨어지지 않게 그 적절함을 고려해야 함

4. 편집 시 유의 사항

반복하는 내용이지만 편집에서 가장 중요한 것은 '메시지의 효율적 전달'입니다. 우려되는 부분 몇 가지 적겠습니다. 제가 경험했던 이야기를 중심으로 초보 제작자가 불필요하게 겪지 않았으면 하는 사항들입니다.

▷ 과도한 화면전환

디졸브 등 필름 전환 기법을 과도하게 사용하면 어지러울 수 있습니다. 의미 없는 빈번한 색감 변화도 마찬가지입니다. 눈을 피로하게 합니다.

▷ 비어있는 프레임 꼼꼼하게 체크

컷과 컷을 붙이다 중간에 빈 프레임(Frame)이 들어가는 경우가 있습니다. 한 개의 프레임이라도 비어 있지 않은지 확인하며 연결합니다. 1초에 30프레임으로 편집한다면 1프레임은 1/30초의 시간입니다. 한두 개의 빈 프레임은 '번쩍' 하는 효과를 내어 시청을 방해합니다.

▷ 자료 화면의 저작권

타인의 화면을 자료로 사용할 때는 반드시 저작권을 확인하길 바랍니다. 무료 배포라 하여도 사용에 있어 조건이 있을 수 있습니다. 때로는 사용하는 목적(광고, 영화, 개인 방송 등)에 따라 저작권의 방침이 달라질 수 있으니 자세하게 확인하길 바랍니다.

▷ 자막의 남용

자막은 사용하기 전, 필요 유무를 꼭 확인하길 바랍니다. 인터뷰 내용을 정확하게 전달하기 위해, 상황을 좀 더 흥미롭게 만들기 위해, 상황 설명을 보충하기 위해, 내용을 정리하기 위해 등 필요한 경우에만 사용합니다.

불필요하게 자막을 길게 사용하거나, 화면에 여러 유형의 자막으로 어지럽게 도배하거나, 눈이 피로할 정도로 움직이거나 번쩍거리는 등의 효과를 주면 시청자에게 불편함을 줍니다. 자막 때문에 정작 꼭 봐야 할 '화면 속 주요 사항'을 못 볼 수도 있으니 자막의 남용은 피하는 것이 좋습니다.

▷ 사운드의 볼륨 레벨

사운드는 '전문 사운드 편집가'에게 맡겨야 하지만 1인 제작에서는 혼자서 모든 역할을 커버해야 하므로 편집 작업 시 사운드도 함께 편집합니다.

음악 소리는 대사보다 작게 해줍니다 간혹 배경 음악에 대사가 묻혀 의미 전달이 안 되는 경우가 있습니다.

녹음한 소리가 크면 작게 줄여줍니다. 반대로 녹음한 소리가 작으면 크게 키워줍니다. 높낮이를 조절한 사운드가 전체적으로 일정한 레벨인지(들쭉날쭉하지 않는지) 한 번 더 점검합니다.

▷ (대사가 있을 때는) 노래 가사 없는 음악 사용

장면에 대사가 있을 때는 되도록 가사 없는 음악을 사용하는 것이 좋습니다. 대사와 가사가 합쳐져 두 개의 언어가 동시에 들리면, 대사가 잘 들리지 않고 들려도 내용에 집중하기 어렵습니다.

▷ 배경음악 교체

하나의 신(Scene)에서 배경 음악을 자주 바꾸는 게 꼭 필요한 선택인지 한 번 더 확인하길 바랍니다. 때로는 음악 없이 담백한 대화가 더 전달력 있기도 합니다.

▷ 사운드 저작권

사운드도 저작권을 확인해야 합니다. 저작권이 있는 사운드는 사용 용도(광고, 영화, 개인 방송 등), 사용 기간, 게시되는 매체 등에 따라 가격과 사용 방법이 다릅니다. 무료 사운드를 다운받을 수 있는 곳이 더러 있는데 이를 사용할 때도 저작권자가 제시하는 조건에 부합하는지 꼼꼼하게 확인한 후 사용하는 것이 좋습니다.

이미지에 맞는 사운드를 골라 오랜 시간 작업 후 게시했는데 얼마 후 저작권 침해에 해당한다는 경고를 받으면 벌금도 물어야 하고 대대적인 수정을 해야 합니다. 두 번 일하지 않도록 사전에 꼭 점검하길 바랍니다.

▷ 효과음 남용

유행처럼 여러 개인 방송에서 자주 등장하는 효과음이 있습니다. 다른 콘텐츠에서 많이 사용한다고 본인도 꼭 사용해야 하는 것은 아닙니다. 적절하지 않은 타이밍의 효과음은 시청자가 어색하게 느낄뿐더러 이야기 진행의 흐름을 깨 작품의 완성도를 떨어트립니다.

1. 편집 앱을 활용한 동영상 편집

편집 앱 소개

편집앱	VLLO 블로	VivaVideo 비바비디오	KINEMASTER 키네마스터	MELCHI 멜치
장점	워터마크 없음 음악 제공 필터 스티커 자막 목소리 녹음	템플릿 목소리 녹음 음악 제공	스티커 무료	템플릿에 내용을 담아 쉽게 완성 가능 (초대장, SNS, 광고 등)
참고 사항	저장 시 광고 보기	워터마크 있음 무료버전 5분까지 편집 무료버전 480 사이즈	워터마크 있음	사용자가 자유롭게 컨트롤 할 수 있는 부분이 비교적 적음

VLLO(블로)[12]를 활용한 편집

위에 소개한 편집 앱 중 하나인 VLLO(블로)를 예로 들어 사용 방법을 설명하겠습니다. 편집할 자료 불러오기, 컷(Cut) 편집, 동영상 길이 조절, 자막 넣기, 화면 전환 방법을 알아보겠습니다.

12) 해당 앱 회사와는 아무런 이해관계가 없음.

1. 편집할 자료 불러오기

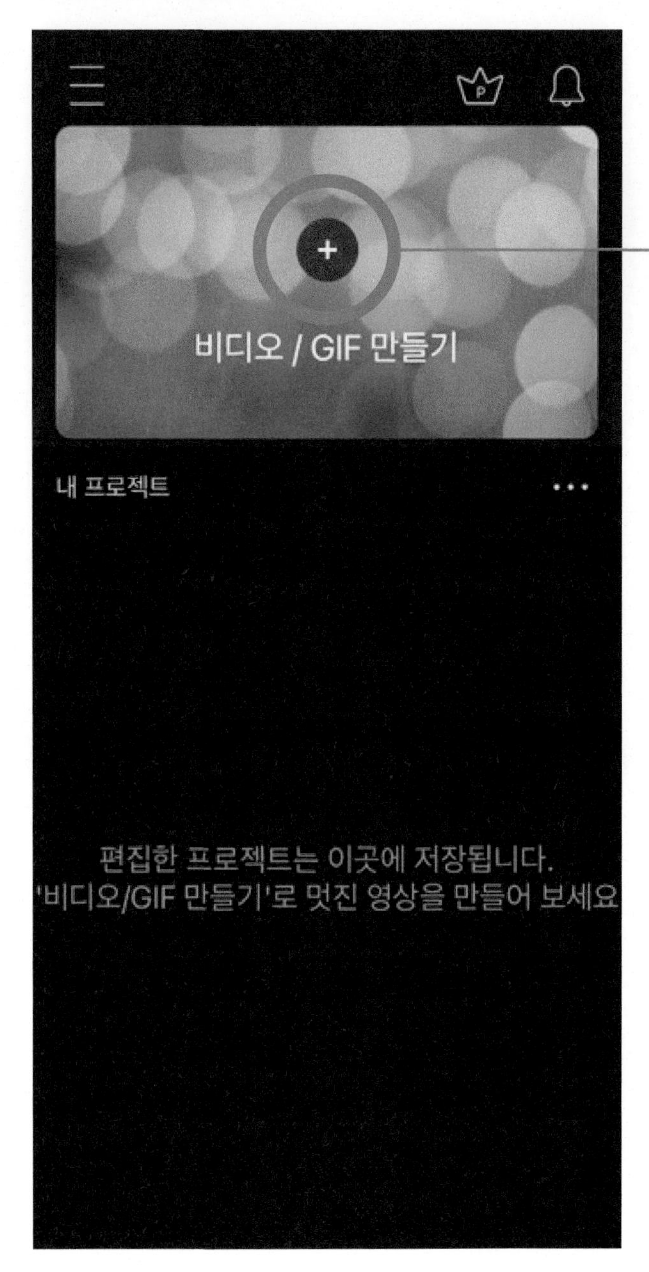

+(플러스) 버튼 누르고 편집할 자료 불러오기

2. 편집할 자료 찾기

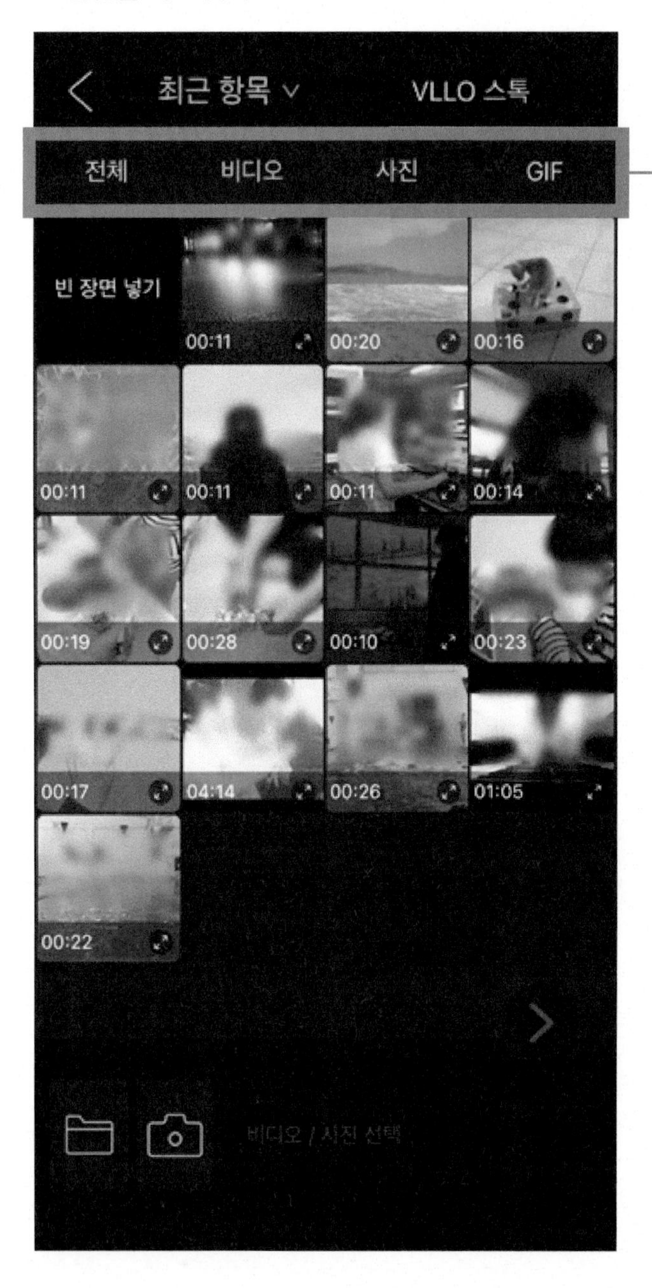

스마트폰에 저장된 파일 선택

- 전체 : 모든 비디오, 사진 파일이 보임
- 비디오: 비디오 파일만 보임
- 사진 : 사진 파일만 보임
- GIF : 움직이는 사진인 GIF 파일만 보임

3. 편집할 자료 선택하기

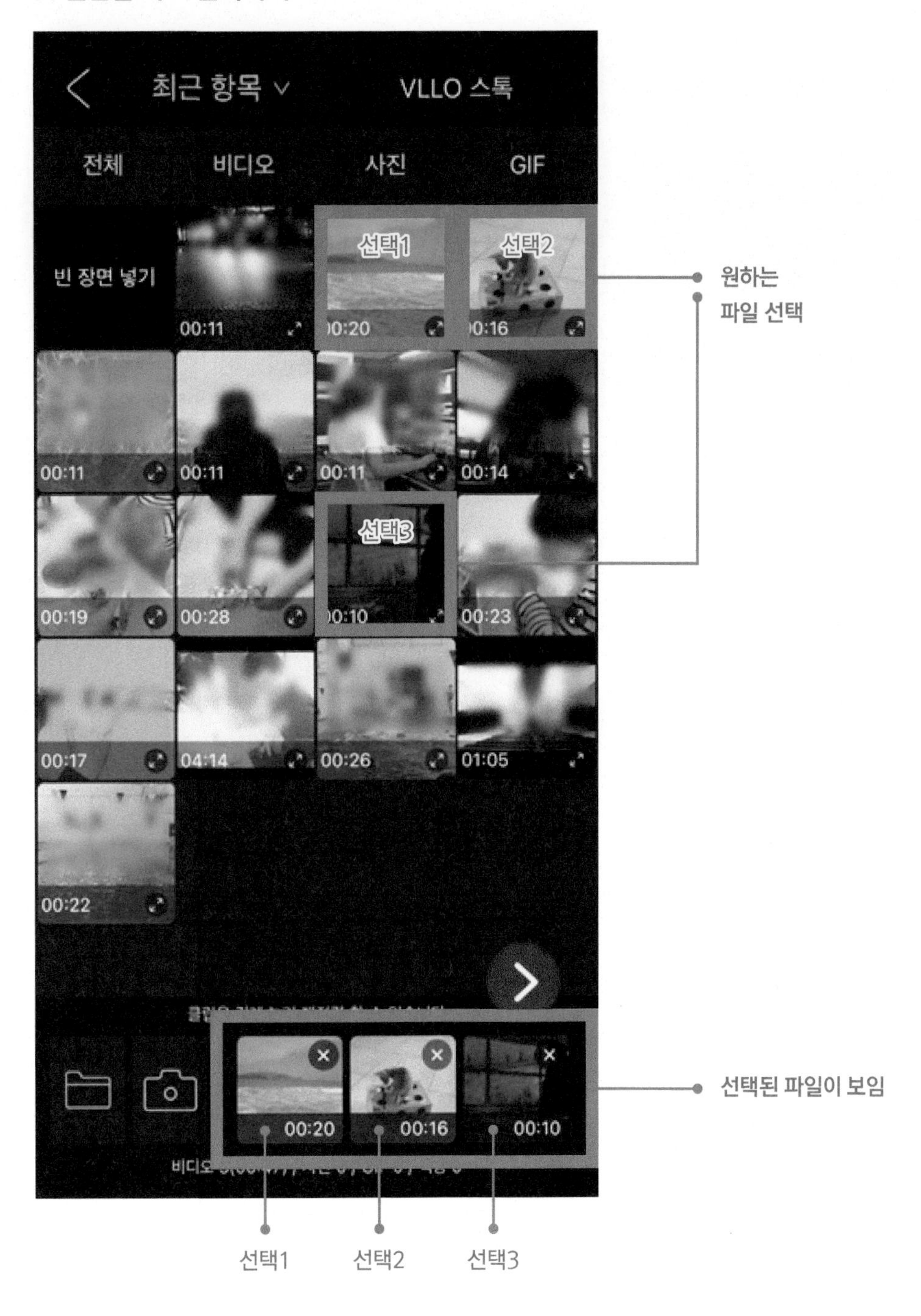
최근 항목
VLLO 스톡
전체
비디오
사진
GIF
빈 장면 넣기
선택1
선택2
선택3
원하는 파일 선택
선택된 파일이 보임
선택1
선택2
선택3

4-1. 편집할 자료 설정하기

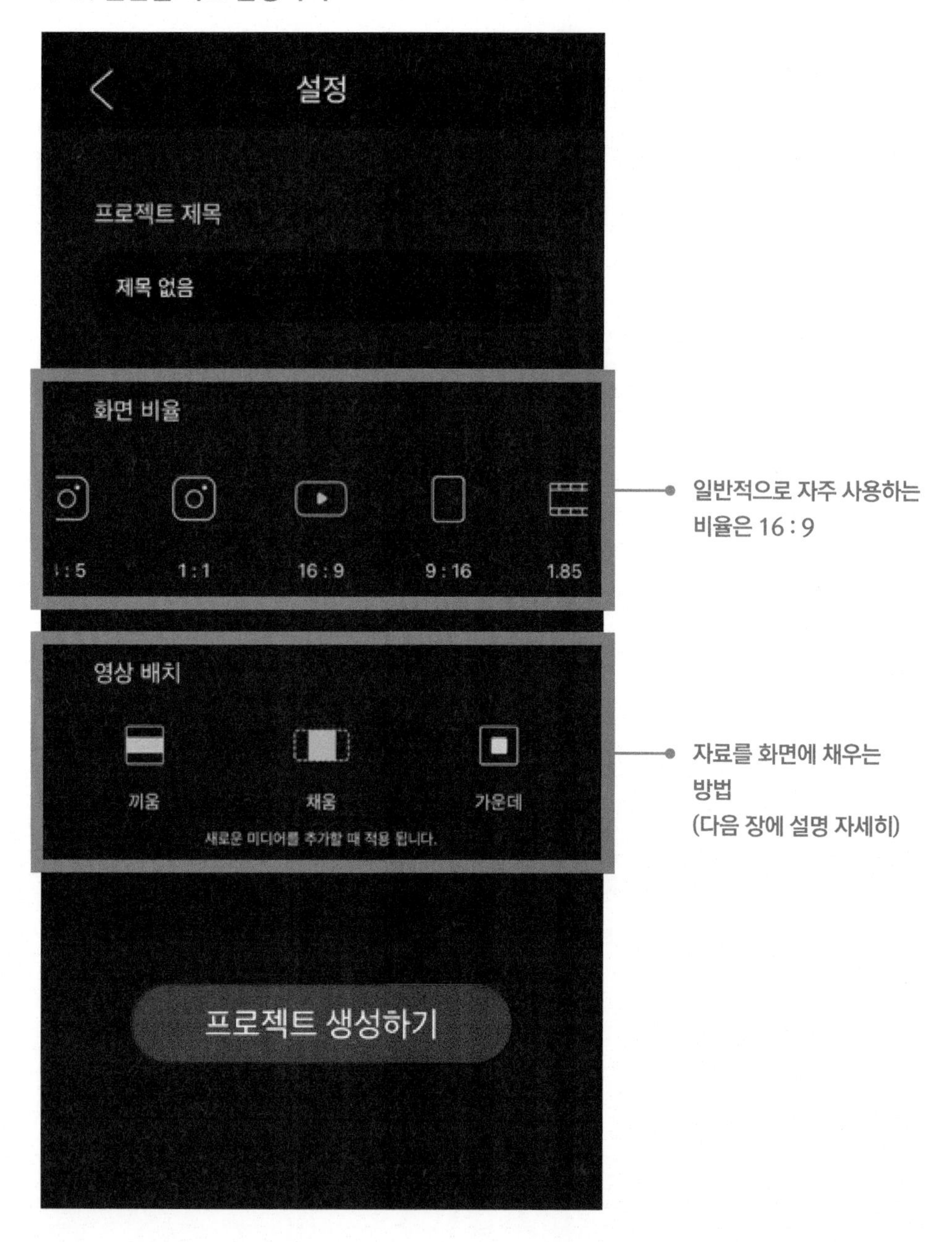

4-2. (추가 설명) 화면 사이즈

- **끼움**
  원본 자료의 가로세로 중 짧은 길이를 기준으로 크기를 맞춤(정사각형 모양이 됨)

- **채움**
  화면 크기에 꽉 맞게 원본 자료의 크기 변형

- **가운데**
  원본 자료가 모두 보이도록 화면 가운데 위치

5-1. 편집 메뉴

00:04
00:47
배경음악
효과음
목소리
오디오
스티커
글자
PIP
필터
밑으로 내리면
메뉴가 더 있음
자물쇠 표시는
유료버전 메뉴임
각 메뉴를 큰 범위로 묶음

5-2. 편집 메뉴와 구성 요소

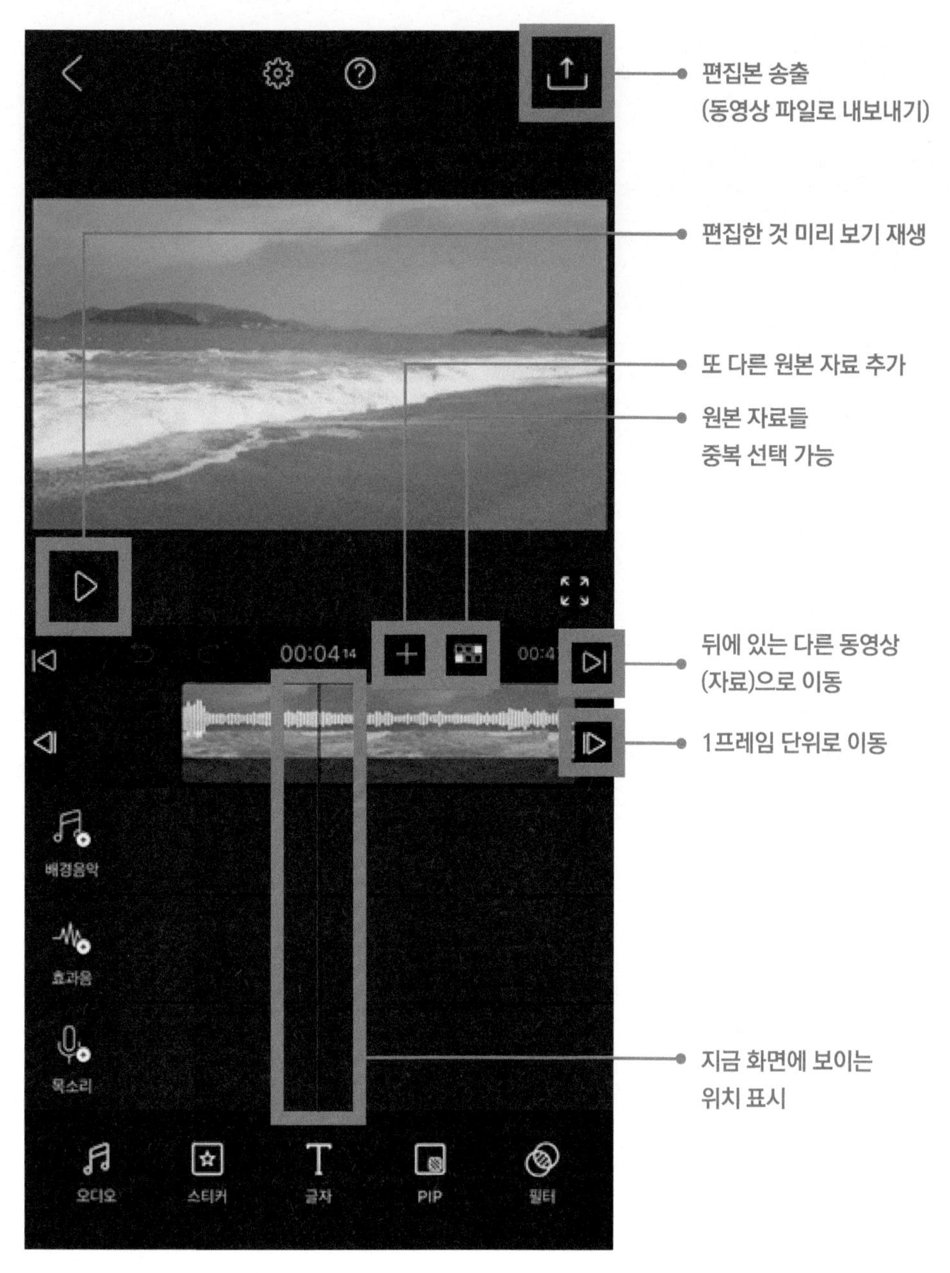

6-1. 컷(cut) 편집

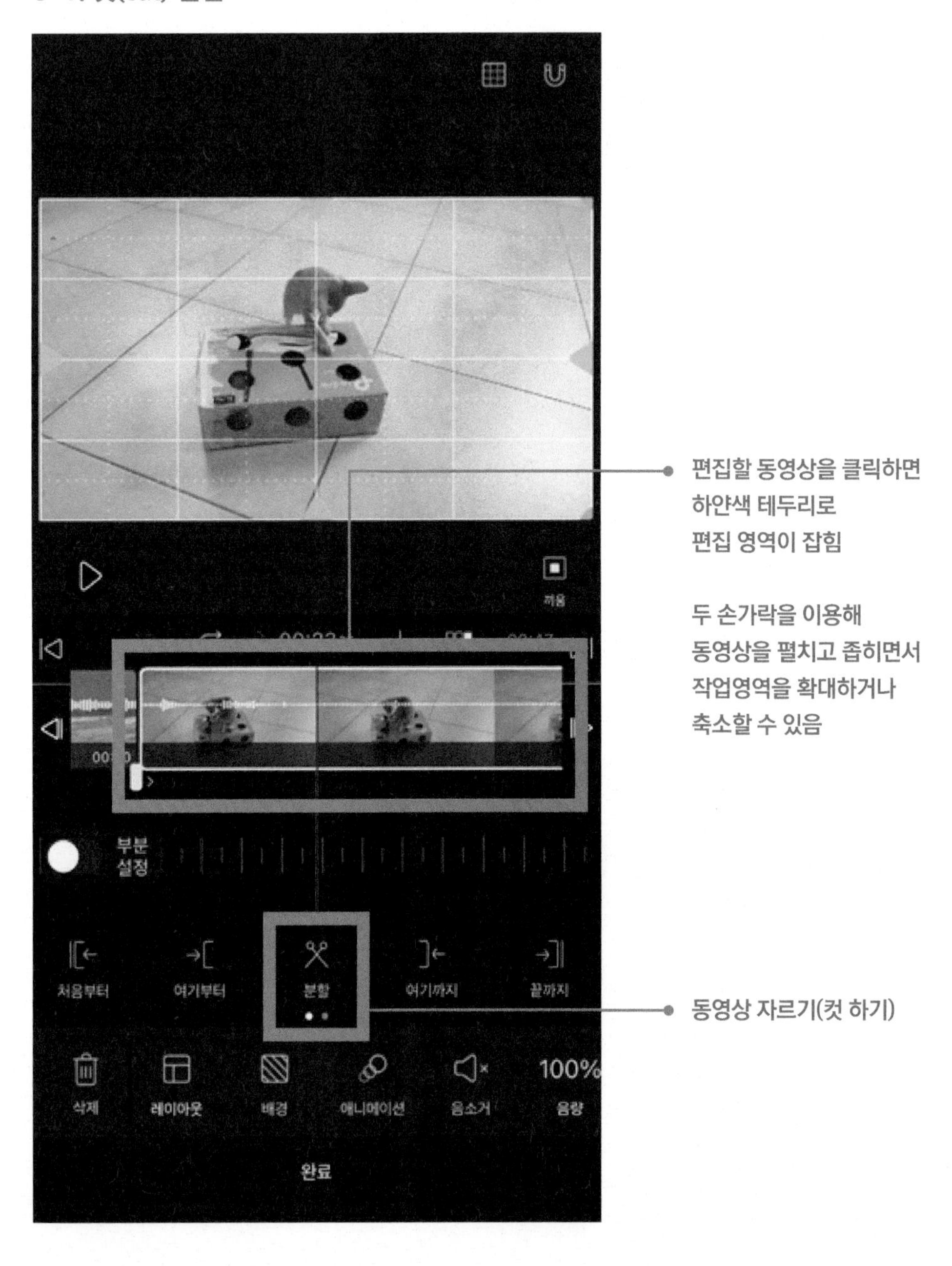
편집할 동영상을 클릭하면
하얀색 테두리로
편집 영역이 잡힘
두 손가락을 이용해
동영상을 펼치고 좁히면서
작업영역을 확대하거나
축소할 수 있음
동영상 자르기(컷 하기)
부분
설정
처음부터
여기부터
분할
여기까지
끝까지
삭제
레이아웃
배경
애니메이션
음소거
100%
음량
완료

6-2. 컷(cut) 편집

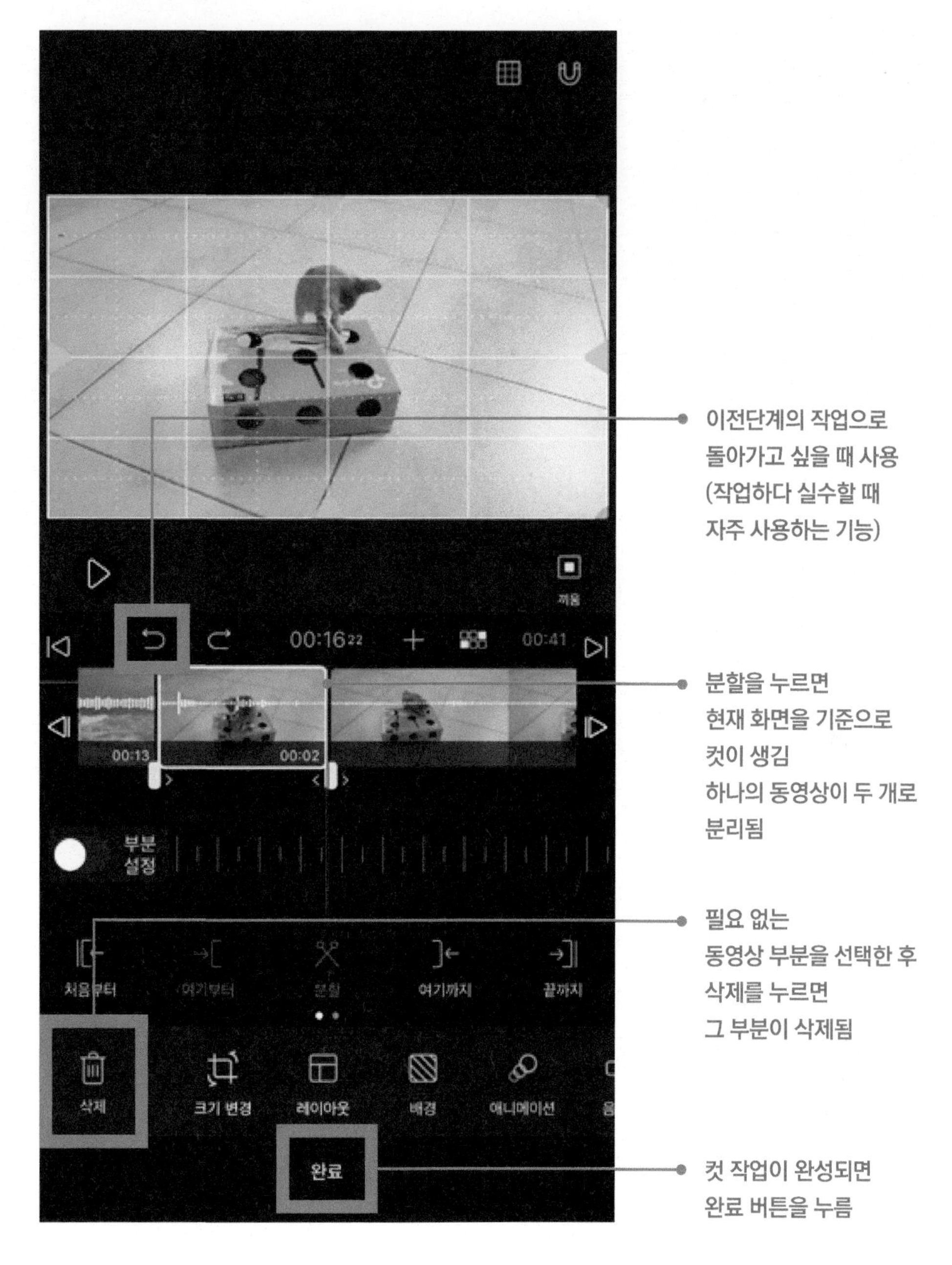

00:16
00:41
00:13
00:02
부분 설정
처음부터
여기부터
분할
여기까지
끝까지
삭제
크기 변경
레이아웃
배경
애니메이션
완료
이전단계의 작업으로
돌아가고 싶을 때 사용
(작업하다 실수할 때
자주 사용하는 기능)
분할을 누르면
현재 화면을 기준으로
컷이 생김
하나의 동영상이 두 개로
분리됨
필요 없는
동영상 부분을 선택한 후
삭제를 누르면
그 부분이 삭제됨
컷 작업이 완성되면
완료 버튼을 누름

7-1. 동영상 길이 조절

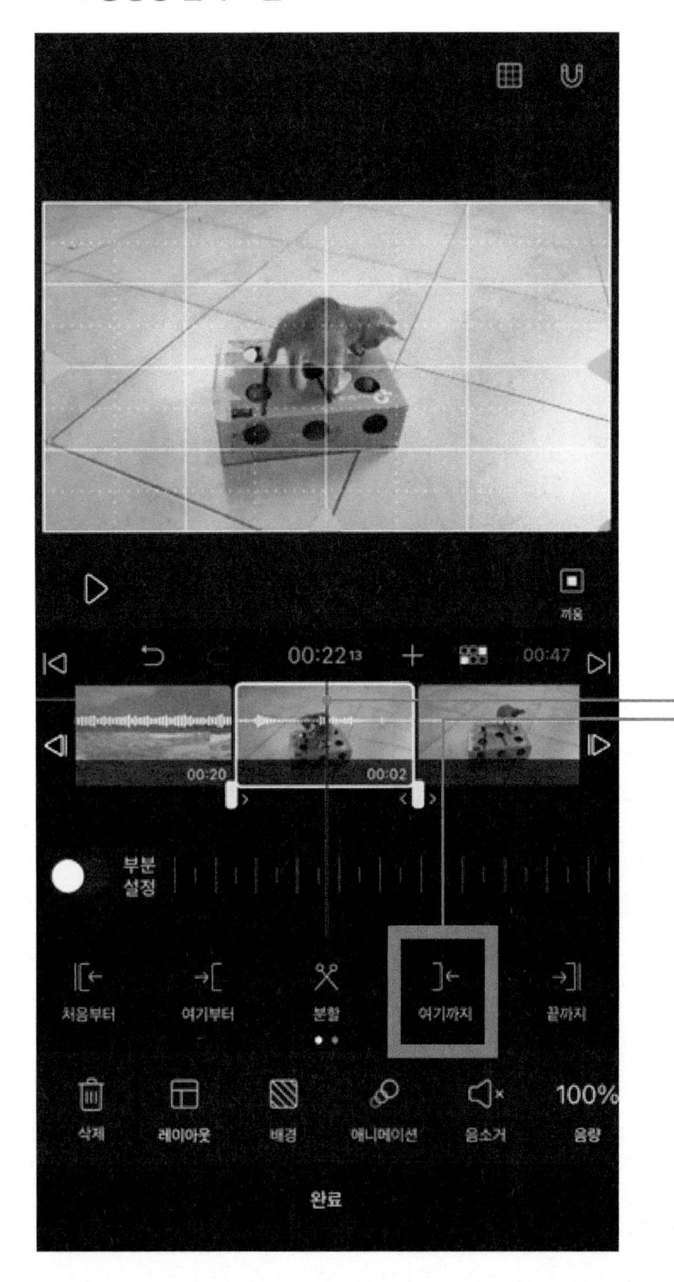

컷을 하는 또 다른 방법으로
화면을 끝내고 싶은 지점에
빨간색 바(bar)를 놓고
아래의 '여기까지' 버튼을
누르면
빨간색 바 뒷부분의
영역이 없어짐

7-2. 동영상 길이 조절

00:22
00:46
00:20
00:01
부분 설정
처음부터
여기부터
분할
여기까지
끝까지
삭제
레이아웃
배경
애니메이션
음소거
100%
음량
완료
빨간색 바 뒷부분의
영역이 없어진 상태

7-3. 동영상 길이 조절

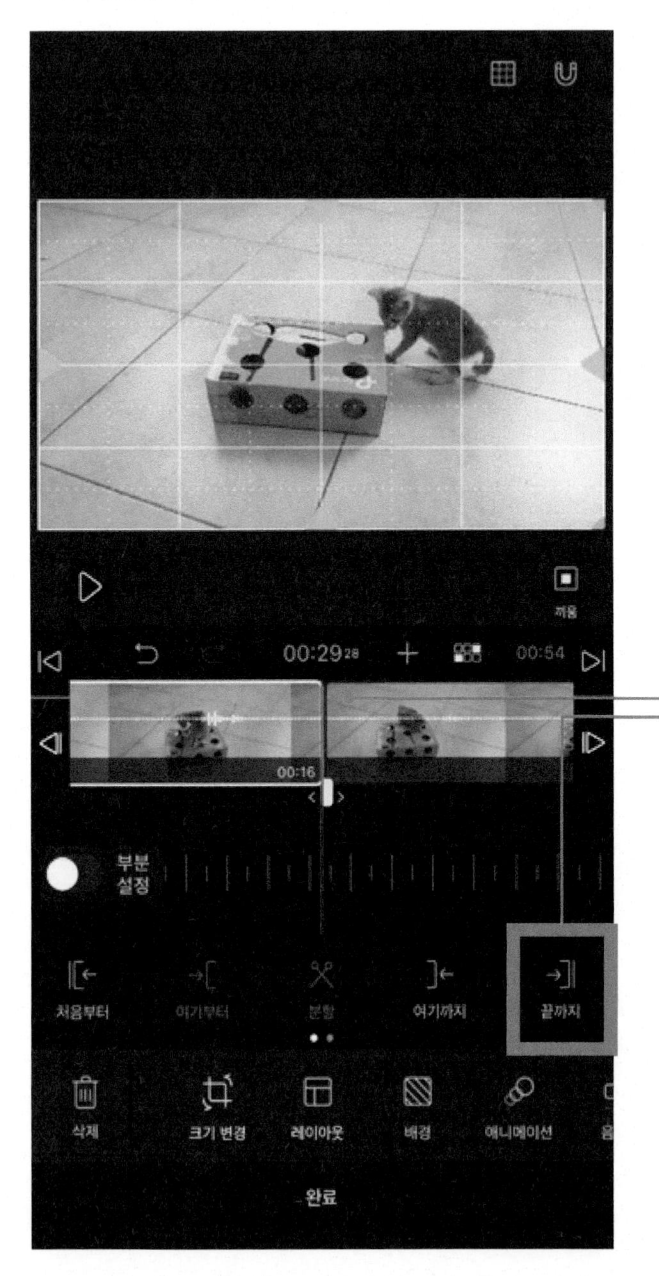

'끝까지' 버튼을 누르면 원본 동영상이 원래 갖고 있는 전체 길이가 다시 살아남

8-1. 자막 넣기

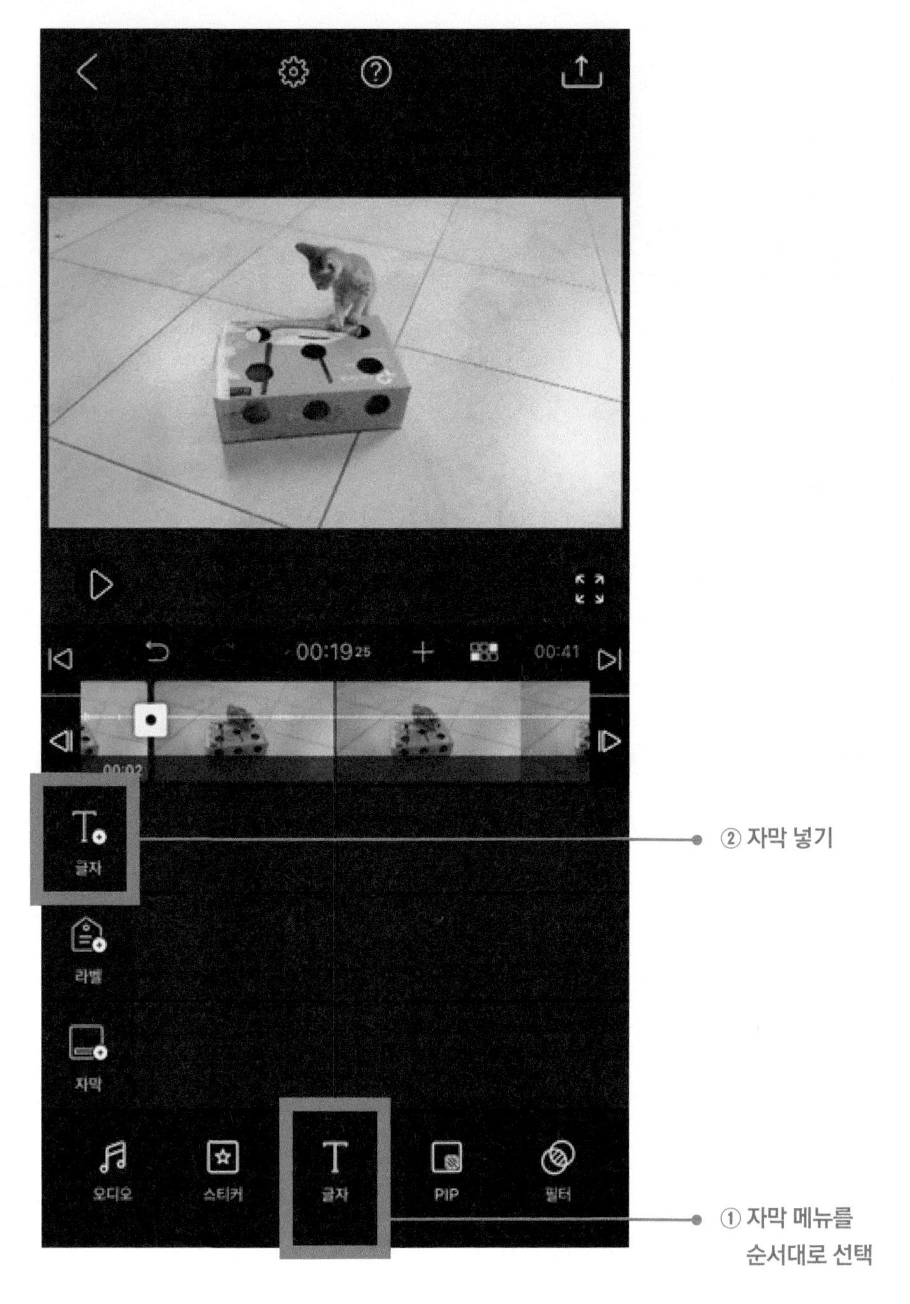

② 자막 넣기

① 자막 메뉴를 순서대로 선택

8-2. 자막 넣기

여러 종류의
자막 스타일이 제공됨
아래로 내리면서
원하는 스타일을 선택

8-3. 자막 넣기

기본
Text here
Text here
Text here
Text here
Text here
Text here
시즌
기본
시즌
자막
Vlog
예 '기본' 스타일을 적용

8-4. 자막 넣기

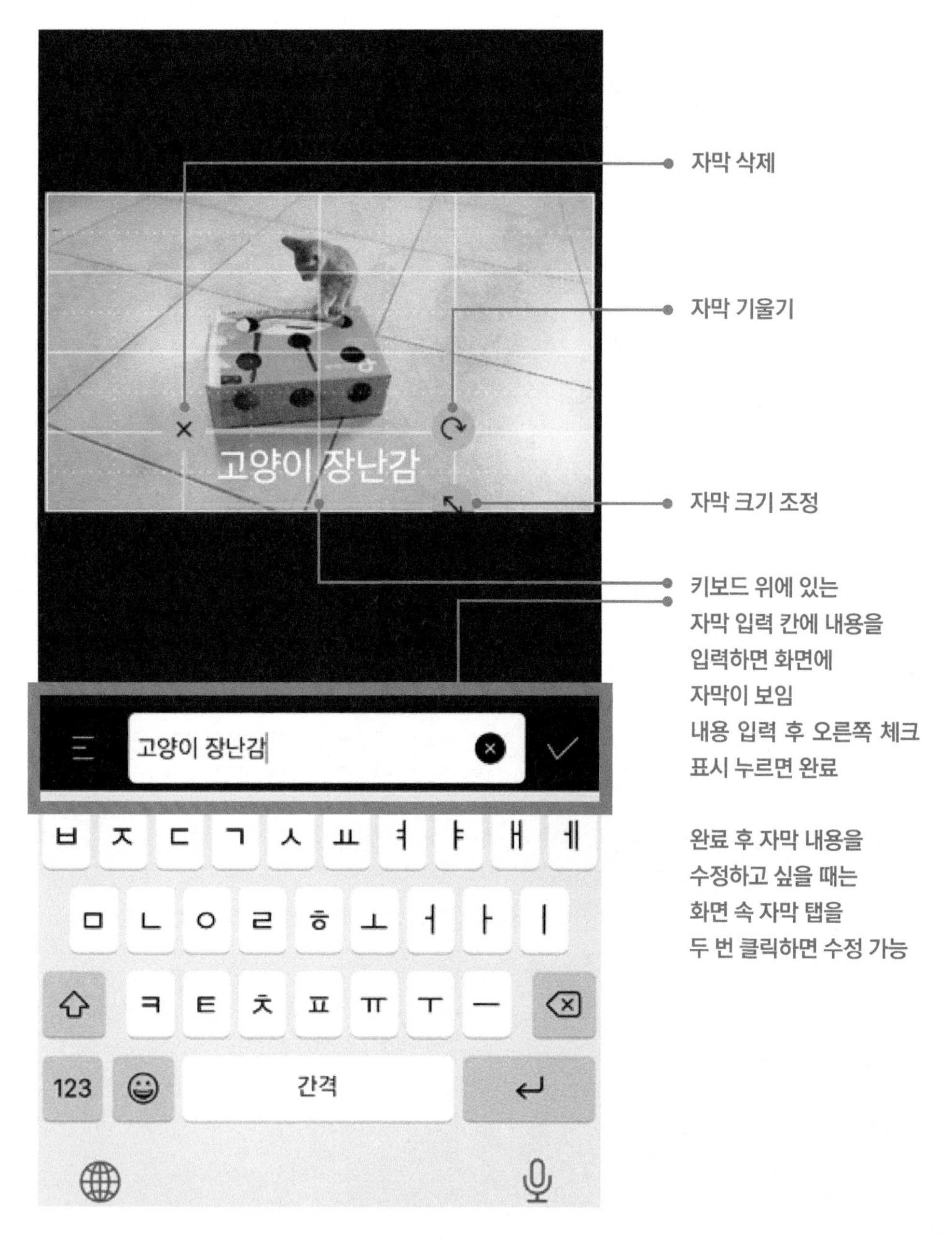

자막 삭제

자막 기울기

자막 크기 조정

키보드 위에 있는
자막 입력 칸에 내용을
입력하면 화면에
자막이 보임
내용 입력 후 오른쪽 체크
표시 누르면 완료

완료 후 자막 내용을
수정하고 싶을 때는
화면 속 자막 탭을
두 번 클릭하면 수정 가능

8-5. 자막 넣기

쌍방향 화살표를 누르고
좌우로 움직이면
자막이 들어갈 타이밍을
변경할 수 있음
고양이 장난감
00:22 19
00:41
자막이 들어간 영역
좌우에 있는
부등호 표시를 누르면
자막 타이밍을 늘리거나
줄일 수 있음
부분
설정
처음부터
여기부터
분할
여기까지
끝까지
Aa
100%
삭제
글자
크기 변경
폰트
불투명도
완료

9-1. 화면 전환

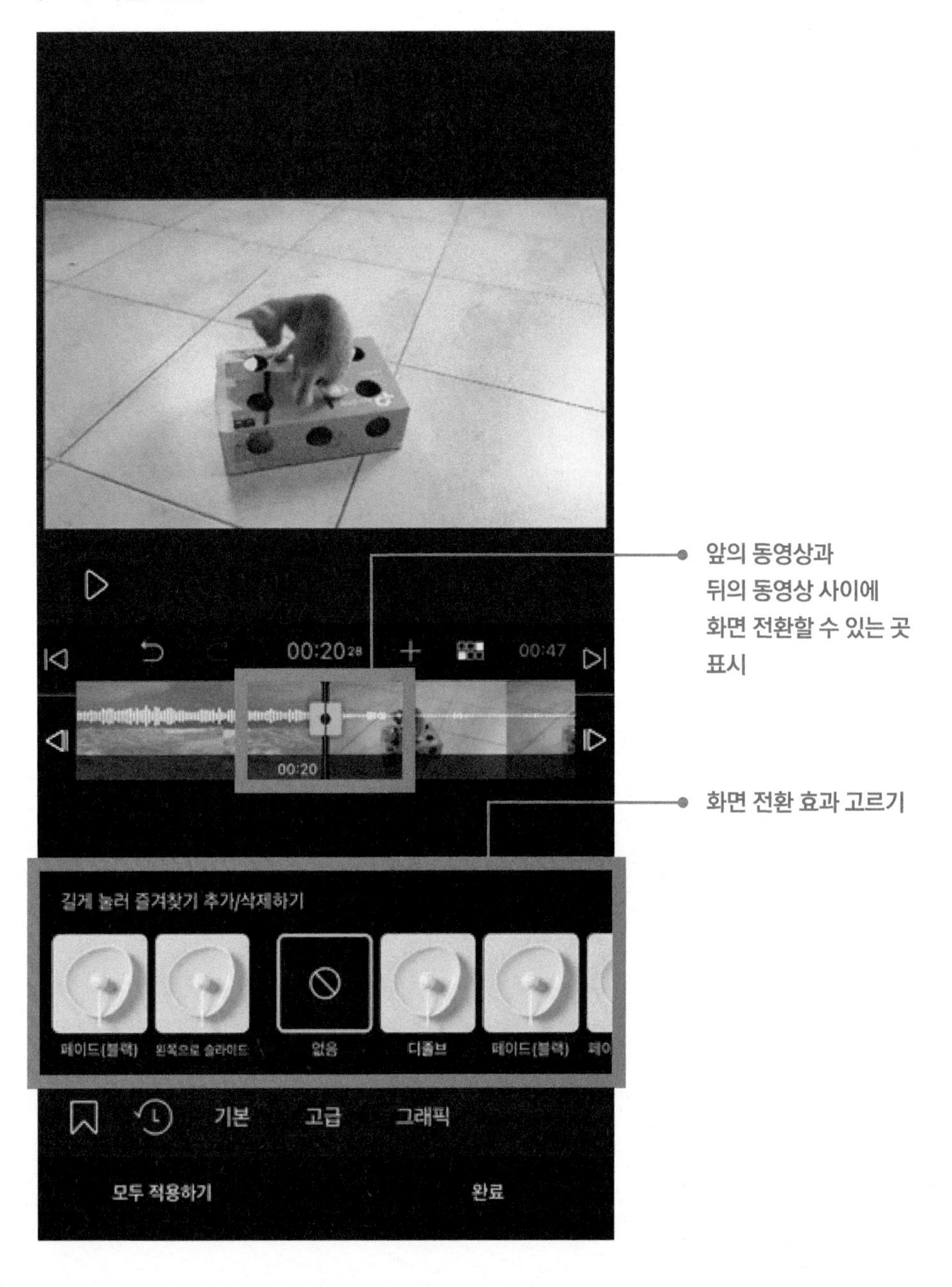
앞의 동영상과
뒤의 동영상 사이에
화면 전환할 수 있는 곳
표시
화면 전환 효과 고르기
00:20
00:47
길게 눌러 즐겨찾기 추가/삭제하기
페이드(블랙)
왼쪽으로 슬라이드
없음
디졸브
페이드(블랙)
기본
고급
그래픽
모두 적용하기
완료

9-2. 화면 전환

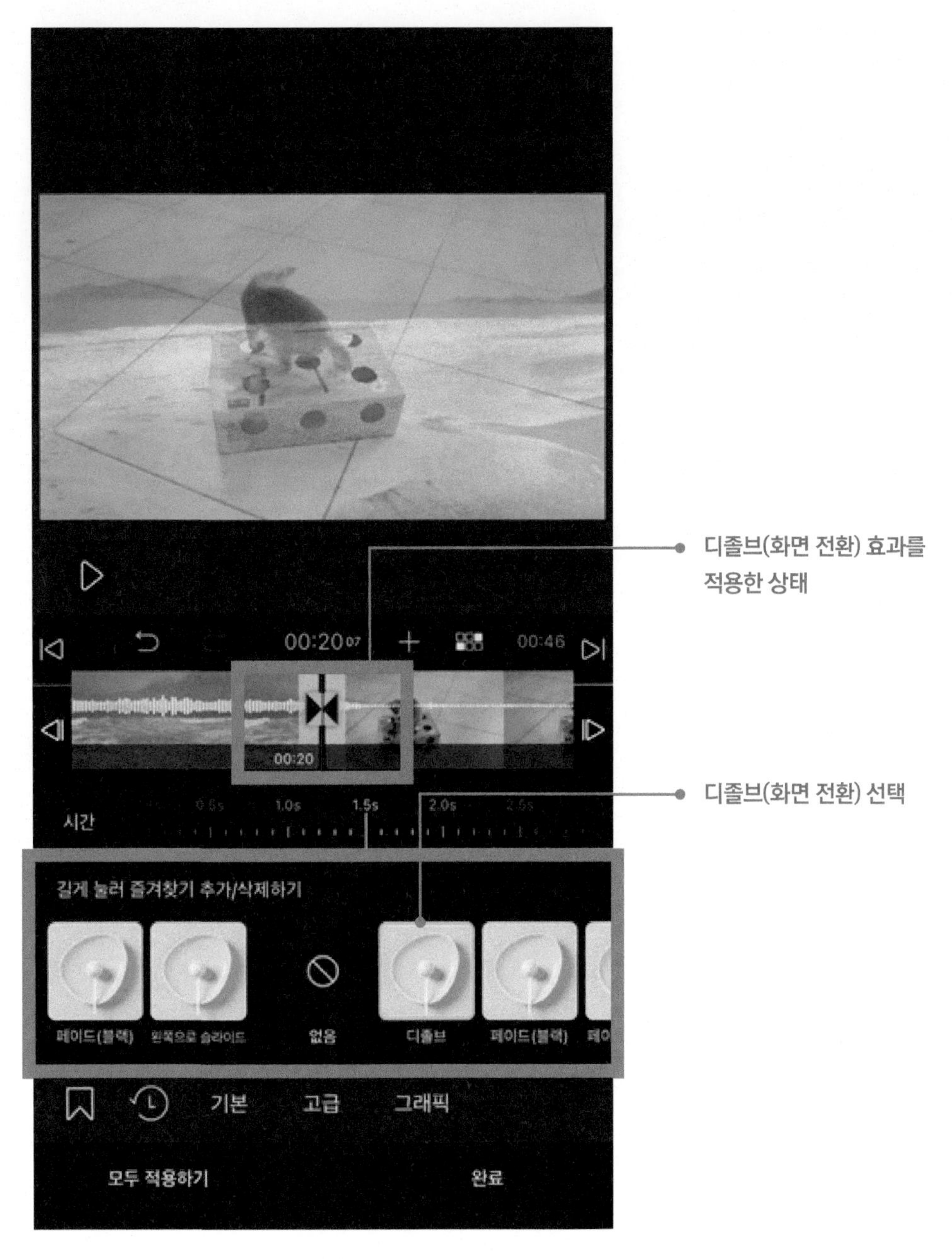
디졸브(화면 전환) 효과를 적용한 상태
디졸브(화면 전환) 선택
00:20
00:46
시간
길게 눌러 즐겨찾기 추가/삭제하기
페이드(블랙)
없음
디졸브
기본
고급
그래픽
모두 적용하기
완료

부록

유트브

수익 창출 방법

유트브 수익 창출 방법

많은 크리에이터가 이용하는 플랫폼(Platform), 유튜브(YouTube)를 통해 콘텐츠 수익 창출 방법을 알아보도록 하겠습니다. 초보자가 할 수 있는 1단계부터 숙련자가 할 수 있는 3단계까지, 방법을 세 단계로 분류했습니다.

1단계, 콘텐츠로 광고 수익 얻기

콘텐츠 안에 동영상, 배너 등의 광고를 포함하면 크리에이터가 광고 수익금을 얻을 수 있습니다. 유튜브가(2021년 6월 1일 기준) 모든 콘텐츠에 광고를 달겠다고 발표했지만, 수익금은 조건을 갖춘 크리에이터만 받을 수 있습니다. 수익금을 받을 수 있는 조건, 등록 절차, 특징, 노하우를 알아보겠습니다.

1단계, 콘텐츠로 광고 수익 얻기	
조건	◆ 구독자 수: 1000명 이상 보유 ◆ 시청 시간: 최근 1년 동안 시청자가 본 시간 4000시간 이상 보유
등록 절차	◆ 조건이 충족되면(구독자 수가 1000명이 되고, 시청 시간이 4000시간이 되면) 유튜브에서 자동으로 알림을 보내주는 '알림 받기' 서비스를 신청 ◆ 알림이 오면 애드센스(AdSense)에 계정 신청 (애드센스: 정산된 수익금을 크리에이터에게 지불하기 위한 시스템) ◆ 유튜브 파트너 프로그램(YPP, YouTube Partner Program) 가입 신청 후 승인 (유튜브 파트너 프로그램: 광고나 후원 기능을 사용하여 수익금을 얻을 수 있는 크리에이터를 인증해주는 프로그램)
특징	◆ 수익금은 크리에이터가 55%, 유튜브가 45%를 나눠 갖는 형태라고 대부분 이해하고 있지만 정확한 계산 방법은 공식적으로 알려지지 않음 ◆ 콘텐츠 조회 수와 광고 수익이 일정하게 비례하지 않음 (이유: 광고 단가, 콘텐츠 러닝타임, 시청 시간, 국가 등에 따라 수익금이 다름)
노하우	◆ 업로드를 꾸준히 해야 함 6개월 이상 콘텐츠가 업로드되지 않거나 채널이 비활성화 상태이면 수익 창출 자격이 박탈될 수 있음 ◆ 특별한 시기(크리스마스, 새해, 추석, 밸런타인데이(Valentine Day) 등)를 공략하면 광고 수익이 늘어날 수 있음 이 시기에는 광고 단가가 올라가기 때문에 광고 수익금이 늘어남 예 미국에서는 크리스마스, 새해, 추수감사절, 밸런타인데이뿐 아니라 슈퍼볼(Super Bowl, 미식축구 경기)시즌에는 광고 매체 단가가 올라감 ◆ 추가로 특별한 시기에 콘텐츠를 평소보다 더 많이 제작할 수 있다면 광고 송출 기회가 많아져 수익금을 늘릴 수 있음 예 콘텐츠 내용도 특정 시기(크리스마스 등)를 반영하여 특별편을 제작

2단계, 콘텐츠를 활용하여 수익 내기

1단계에서는 콘텐츠 안에 광고를 삽입하여 그 수익금을 얻었다면, 2단계에서는 콘텐츠 자체를 활용하여 수익을 내는 방법을 알아보겠습니다.

2단계, 콘텐츠를 활용하여 수익 내기	
슈퍼 챗 슈퍼 스티커	◆ 슈퍼 챗(Super Chat)과 슈퍼 스티커(Super Sticker)는 시청자가 크리에이터에게 후원하는 방법 ◆ 슈퍼 챗, 슈퍼 스티커 : 실시간 방송 중 시청자가 채팅창에 내용을 입력할 때 상당히 많은 채팅이 동시다발적으로 업로드되기 때문에 읽히지 않고 넘어가는 경우가 있음 이때 슈퍼 챗(또는 슈퍼 스티커)을 구매하고 채팅창에 내용(이미지)을 입력하면 채팅 피드 상단에 오랫동안 그 내용이 표시됨 표시되는 시간은 구매 금액에 따라 변동 표시될 때 시청자의 프로필 사진과 내용이 함께 보임 ◆ 시청자가 구매한 슈퍼 챗과 슈퍼 스티커의 수익금은 크리에이터에게 배분됨 ◆ 슈퍼 챗과 슈퍼 스티커를 사용할 수 있는 크리에이터의 조건은 광고 수익금을 받을 수 있는 기준과 같이 유튜브 파트너 프로그램(YPP, YouTube Partner Program)에 가입되어 있어야 함 ◆ 실시간 방송이 가능한 수준이어야 하므로 초보 제작자보다는 조금 익숙한 크리에이터에게 권장되는 수익 창출 방법임
채널 멤버십	◆ 시청자가 월 단위로 채널에 멤버십 요금을 결제하여 크리에이터를 후원하는 방법 구독료를 낸 시청자에게는 회원 혜택(이모티콘 사용 등)이 제공됨 멤버십은 등급별로 금액이 다름 ◆ 크리에이터의 조건은 광고 수익금을 받을 수 있는 기준과 같이 유튜브 파트너 프로그램(YPP, YouTube Partner Program)에 가입되어 있어야 함 ◆ 크리에이터가 회원에게 제공할 수 있는 회원 혜택 중 허용되지 않는 부분(1:1 대면 만남, 추첨 등)이 있으니 꼼꼼하게 확인 후 혜택을 설정해야 함
PPL	◆ 제품 간접 광고인 PPL(Product Placement)은 콘텐츠(동영상) 속에 후원 받은 기업의 제품을 소품(또는 배경)으로 등장시켜 시청자에게 광고하는 것 예 TV 드라마 속 주인공의 가방, 액세서리 등 예능프로그램 속 진행자가 마시는 물, 음료 등 ◆ 콘텐츠의 인지도가 높아지면 그 콘텐츠 내용과 어울리는 제품의 PPL의뢰가 들어올 수 있음 예 운동 관련 콘텐츠에 운동용품 후원 요리 콘텐츠에 요리 도구 후원 ◆ PPL이 포함된 콘텐츠일 경우, 유튜브 정책에 따라 '유료 프로모션' 으로 등록해야 함 PPL 등 기업과의 계약으로 콘텐츠가 제작될 경우 유튜브 세부 준수사항을 확인한 후 진행해야 함

3단계, 유튜브 수익을 넘어서

1단계와 2단계에서는 콘텐츠를 통한 수익 방법을 알아보았습니다. 3단계에서는 숙련자가 할 수 있는 수익 창출 방법을 소개합니다. 유튜브 콘텐츠로 인지도와 전문성을 인정받은 숙련자는 콘텐츠를 통한 수익을 넘어 범위를 확장한 경제활동을 하기 시작합니다.

3단계, 유튜브 수익을 넘어서	
MCN 소속 방송인	◆ MCN은 다중 채널 네트워크(Multi-Channel Networks)로 크리에이터와 채널 등을 전문적으로 관리하는 조직 수익금, 저작권, 기업 제휴 등을 관리하며 크리에이터가 방송 활동에 전념할 수 있게 제반 서비스를 제공 ◆ 혼자서 활동하는 크리에이터에서 인지도가 올라가면 MCN 소속이 되어 체계적인 방송 활동을 할 수 있음
사업 아이템	◆ 시청자 팬층이 다수 확보되고 전문성도 인정받으면 콘텐츠 내용과 관련된 아이템을 개발하여 사업으로 확장할 수 있음 ㉠ 뷰티 크리에이터가 론칭한 화장품 패션 크리에이터가 론칭한 액세서리 요가 크리에이터가 론칭한 홈 트레이닝 동영상 패키지
그 분야 전문가	◆ 장기간 방송하다 보면 많은 정보, 시행착오 등을 통해 그 분야의 지식과 경험이 늘어나 전문성을 인정받게 됨 ㉠ 실무에서 일한 내용을 취미로 방송하다 전문 크리에이터로 성장 ◆ 오랜 기간 동안 숙련된 기술과 지식을 보유한 크리에이터가 방송을 시작하여 많은 시청자에게 유익한 정보를 전달함 ㉠ 과학자, 도예가 등 ◆ 전문가로 인정받는 크리에이터들은 오프라인 강연의 기회가 생김 ◆ 관련 도서를 출판할 기회가 생김 ◆ 전문가의 자문이 필요한 콘텐츠(방송, 라디오 등)에 자문위원으로 활동할 수 있음

콘텐츠를 통해 크리에이터가 수익을 창출할 수 있는 방법을 세 단계로 살펴봤습니다. 마지막 3단계는 초보자가 단기간에 이루기에는 쉽지 않은 내용이고,

지속적인 활동과 전문성을 갖춰야만 도달할 수 있는 방법입니다. 우선 1단계부터 차근차근 시작해 보길 바랍니다. 콘텐츠 제작에서 느끼는 즐거움, 성취감뿐 아니라 그에 따른 적절한 보상도 얻기 때문에 제작 활동에 더욱 힘을 얻는 계기가 될 것입니다. 물론 수익 창출 활동은 어떠한 경우에서도 시청자를 불편하게 하면 안 됩니다. 신중한 판단 후에 선택해야 합니다.

위에 소개한 것 외에도 다양한 방법들이 계속 업데이트되고 있습니다. 방법은 스스로 찾아내고 만들어갈 수 있습니다. 유튜브 관련 세부적인 사항과 정보는 자사 사이트(YouTube 고객센터 페이지)에 공개되어 있으니 필요할 때 참고하길 바랍니다.

크리에이터 1:1 속성과외

1인 미디어 초보자 영상제작 완성!!

발행일 | 2021년 7월 30일

저　자 | 연희승

발행인 | 모흥숙

발행처 | 내하출판사

주　소 | 서울 용산구 한강대로 104 라길 3

전　화 | (02)775-3241~5

팩　스 | (02)775-3246

E-mail | naeha@naeha.co.kr

Homepage | www.naeha.co.kr

ISBN | 978-89-5717-539-2 (03560)

정가 | 17,000원